总有一天，
你 会 活 成
自己渴望的模样

玖月／著

中国华侨出版社

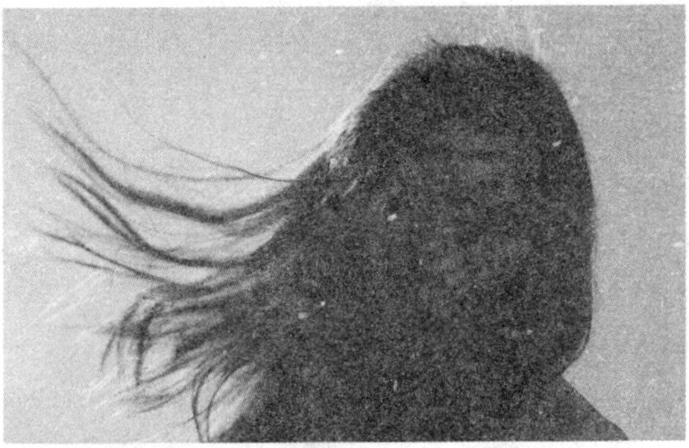

序

2010年，冬天来得特别早。寒风飕飕，吹得后脊冰冷。工作失算，情场失意！寒冷，在我心里渐渐地扎了根，迎着凛冽的北风，愈发枝繁叶茂，长成一棵难以移除的大树。

我将自己关在一个破旧的小屋子里，裹着厚厚的棉被，一连好些天，足不出户。楼下，有送外卖的小饭馆，有琳琅满目陈列着生活日用品的小超市。每一天，只需一个简单的电话，就能解决关于今天吃什么这个令人头疼的问题。

时间久了，送外卖的小伙子居然跟我熟络起来。

一天，他将热气腾腾的盒饭递过来，两眼直直地看着我，问道：大姐，你这套睡衣，穿了一星期了，洗过没？

我哑然，快速付了钱，拿过盒饭，"哐"一声关上大门。

那一句提问，已经将饥饿感彻底消灭。

大步奔向落满灰尘的穿衣镜，里面，有一个似乎我从来不认识的邋遢女人。头发，乱得如一团枯黄的稻草；脸上，油光闪亮，可以刮下一层油。天啊！我怎么会是这样子！

拉开窗帘，阳光满满，照进屋子，灰尘在明亮的光线里快乐起舞。我趴在阳台上，看着来来往往脚步匆匆的人，闻着不知道从哪一家厨房里飘散出来的阵阵香气，痛痛快快哭了一场。

我的心里，涌现出一句无比朴实的生活哲理。

没有人，会因为你的痛苦停下脚步！

第二天，我拿出许久不穿的职业装，重新回到公司。

生活，照旧如常。依然有永远忙不完的繁琐工作，依然有觅不到良偶的种种苦恼。唯一不同的是，我的心渐渐在生活的磨砺下，坚韧如铁。

我想，靠着这颗越来越经得起生活捶打的心，总有一天，我会长成自己希望的模样。有一份让我乐意奉送所有激情的工作，有一个永远为我敞开大门的家，有一个愿意携手阅尽世间繁华的他……

时间，就在这样看似波澜不惊的流转中给我带来惊喜。

2015年，我迎来29岁的生日。这一天，我的好好先生挽起衣袖，做了一桌丰盛的晚餐。烛光下，他频频举杯，已经呀呀学语的宝宝，看着沉浸在喜悦里的我和他，露出天真的笑容。

居然，真的有这样一天，我得到了梦寐已久的幸福！

在好好先生的鼓励下，我写了《总有一天，你会活成自己渴望的模样》。这些故事，多多少少带着我以往生活的影子！

故事里的女子，有的失魂落魄，好不容易振作起来，又卷入爱情漩涡，如陆晓雨；有的被生活的洪流击打，几经挣扎，才得到解脱，如李筱然。

故事里的男子，有的专横霸道，幡然醒悟后得到爱情垂青，如倪一川；有的忠于内心的安排，成人之美，如阿布；有的暗含深情，用尽一生演绎父爱如山，如老陶。

我一向偏好中国式的幸福大团圆。在他们历经生活阵痛，迈开步子奋力前行时，我按照生活带给我的人生顿悟，给予他们不一样的完美结局。

希望，每一个打开这本书的人，都能在阅读中，找到你想要的幸福答案！

目录

第一辑　友情已满，恋人未达

在最适合出嫁的年龄，相遇	003
往事不要再提，人生已多风雨	005
回忆的毒在扩散	007
到谁的心里去遛弯儿	009
关于知己和恋人二选一的问题	011

第二辑　被风吹过的夏天

只因为在人群中多看了你一眼	017
无风不起浪	020
你从水上来，像放在草筐里的孩子	022
爱，是另一种窒息	025
从你兵荒马乱的世界逃离	027
给你一个幸福结局	030

第三辑　女大三，男大四

屋漏偏逢连夜雨	035
山重水复时，柳暗花明	037
老赵来也	039
小鲜肉的爱情梦想	042
恩不抵爱	045
桃花朵朵开	047
男大四，一辈子	050

第四辑　世界上最亲爱的人

打开记忆的闸门	055
额外的恩赐	056
现世安稳，是最大的知足	058
提早说再见	060
最爱我的那个人，不在了	063
延续，是最好的纪念	065

第五辑　我生君未生，君生我已老

枯树发新芽	071
你的年小鱼	072
君生我未生，我生君已老	075
在错的时间遇上对的人	077
爱，不一定要拥有	079
亲爱的，再见	081

第六辑　两只爬上葡萄藤的蜗牛

一本正经的女"色狼"	087
乱麻太多，刀不够快	089
泄恨是帮助遗忘的最佳方式	092
吃醋有益身心健康	095
兔子，来吃窝边草吧	097

第七辑　消失的树洞

她，是别人用心托付在你手上　　103
守口如瓶的树洞　　106
有关鸡蛋的历史问题　　108
愿你一世阳光　　112

第八辑　一个像夏天，一个像秋天

逃离一场爱的风雪　　117
把回忆困在旧时光里　　120
接过养家糊口的重担　　122
朋友比情人更死心塌地　　124
山重水复处的重磅惊喜　　128

第九辑　"白骨精"的秘笈

女孩子安分点比较好　　　　135
你就是那个笨手笨脚的叶禾　137
没有永久的朋友　　　　　　139
保护好自己的利用价值　　　142
工作狂的代价　　　　　　　144
找到自己的坐标轴　　　　　147

第十辑　来点糖，来点盐，来点芝麻酱

有了情人的愚人节　　　　　151
左手跟右手的恋爱　　　　　155
糖和盐，孰胜孰败　　　　　158
打翻一罐芝麻酱　　　　　　161

第十一辑　守护者

天生的恩怨	**167**
谁也不是谁的红绿灯	**169**
别怕，有我呢	**172**
往前看一看吧	**174**
一直在你身边	**176**

第十二辑　小女人和女超人的地老天荒

羡慕，只能深深掩埋	**181**
婚姻，本来就是搭伙过日子	**183**
一步错，步步错	**186**
人心，本就欲求不满	**189**
我必须，作为树的形象，和你站在一起	**191**
有一条路通往地老天荒	**194**

第十三辑　不死草和红玫瑰

前男友出没	199
分点时间给悲伤	201
莫名中伤	203
炽烈的红玫瑰	205
心思细腻的小丫头	208
神秘的交接仪式	210

第十四辑　不穿水晶鞋的灰姑娘

丫丫，我结婚了	215
这个冬天也不是那么冷	218
温暖的气息，熏得两眼生疼	221
灰姑娘已经不需要水晶鞋了	223
婚姻就像一双鞋子	226

第十五辑　一只老蝴蝶的悲欢

我不是你的私有财产	231
春秋大梦也不是这样做的	233
温柔的年幼时光	235
小蝴蝶	237
老蝴蝶	239
时间啊，请走慢些吧	241

第一辑·
友情已满，恋人未达

在最适合出嫁的年龄，相遇

其实，最开始见到齐其的时候，宋小凡的心思并不是纯粹的。

高个儿、高收入、高学历、书香门第，每一样刚刚符合她的配偶标准，哦，不对，已经甩过她的标准几条街。最要命的是，她是大叔控，齐其刚好对胃口地长了一张背叛实际年龄的脸。

齐其是宋小凡在相亲贴吧里认识的。原本，才24岁的宋小凡并不着急结婚，但最近她被公司的已婚人士成功洗脑：24-26岁是女孩子的最佳出嫁年龄，24岁有些许社会经历，有些许涉世未深的单纯，足够打动一个成熟的男人；而到了26岁，再不嫁出去，就有沦为剩女的风险，剩女并不可怕，可怕的是七大姑八大姨嘴里的流言蜚语。

思前想后，宋小凡决定在最适合的出嫁年龄，解决掉终身大事。齐其，刚好在她踌躇满志时刻，撞了上来。

盛夏，阳光毒辣，宋小凡站在步行街路口，张望着。汗水顺着发际往下淌，滴答落在地上，顷刻被蒸干。

而出现在视野里的齐其，成了唯一的清凉，所有来来往往的人都成了他的背景，他站在人群里，格外显眼。

两人聊得很愉快，甚至有点相见恨晚的感觉。

可这感觉，一点也没有从相识过渡为相恋的征兆。

齐其定定地看着宋小凡，认真地说："在我认识的女孩中，你是第一个跟我谈哲学的，深刻到令人毛骨悚然。"

完了！

"哈哈，我也赞成你那一套在最合适的年龄出嫁的理论，如果我谈恋爱，一定会找这个年龄段的女孩子，谢谢你的高论！"分别时，齐其愉快地说。

宋小凡狠狠拧拧大腿，怎么蠢到将自己的想法全盘托出！可是，齐其似乎有一种魔力，让绷紧的神经在不经意间放松，让心底的话不经意间说出。见鬼，被他催眠了吗！

"回见，大叔！"慌忙中，宋小凡冒出这么一句来。

"回见，小侄女！"齐其来了个针锋相对。

宋小凡快速开了单元楼门，快速走上楼梯。她不敢回头，生怕那一眼回望将自己恨嫁的阴谋暴露无遗。

/ 往事不要再提，人生已多风雨 /

3D版本的《泰坦尼克号》上映，公司发福利，扔来两张电影票。宋小凡紧紧地攥在手里，像握着上战场的兵器。

齐其很忙，忙到一句"不好意思"或者"下次陪你"的借口都没有，直截了当地来了句"没空"。他的空闲呢？是分给了形形色色各式各样的女孩子，还是全给了痴爱成狂的工作？

看着影院门口成双成对的情侣，宋小凡的情绪如一团揉乱的麻线，居然有丝丝怨气。可是，骄傲如她，怎愿意屈尊降贵再三追问他真正的拒绝理由。

你跳，我也跳！

一个刚刚认识不久的穷小子，对内心苍凉无助的露丝这般说。俗世凡尘里，谁会有这样的勇气对自己说出这番话？眼泪簌簌地流，划过宋小凡轻描淡写的妆容，滴进回忆里。

阿诚，这个名字突然从脑海中跳出来。宋小凡那些早已枯死成灰的记忆，在这一刻陡然活过来。只有他，在宋小凡十八岁时傻傻地许过生死相随的诺言。他说，死生契阔，与子成说；执子之手，与子偕老。不论生与死，我都跟你立下约定，牵了你的手，一直到白头！

沉溺在青涩的爱情里，宋小凡的眼里全是美好。哪怕后来从考上的大学跑回来陪阿诚一起复读，也是心甘情愿。

是啊，怕什么！阿诚是那么坦诚，说出的话是那样的熨帖。岁月静好怎敌得过此时的轰轰烈烈！

双双考入大学，宋小凡以为这段痴恋终于修成正果。然而，没过多久，流言传来，说阿诚跟学生会的美女主席走得很近。甚至，室友直白地告诉宋小凡，看到他们挽手并肩，招摇而过。都说，陷入爱情的女子，智商为零。果然不假，宋小凡怎会搭理这些闲言碎语。

哼，那是她们嫉妒！

更何况，阿诚信誓旦旦地说过，生死相随！试问，有哪个男孩对她说过这般动人的誓言！

宋小凡中了爱情的毒，不愿醒来。直到有一天，在学校运动场，看到阿诚体贴地打开瓶盖，将水送到一个女孩的唇边。他看她的眼神，一如当初看宋小凡。而他的那番温柔细致，却是宋小凡从来没享受过的待遇！

骗子！

宋小凡内心叫喊着，冲过去，使尽力气给了阿诚一个耳光，夺过阿诚的背包，哗啦一倒，捡起自己的饭卡、银行卡、购物卡，扬长而去！

痴情如她，付出时倾尽所有；决绝如她，分手时迅速果断。

她没有大吵大哭，看上去风平浪静。

所有人都刮目相看。原来，看上去瘦弱的宋小凡，有一颗钻石心，没那么容易受伤害。

然而，又有谁知道，她历经了多少夜的辗转难眠，多少夜的哭泣梦魔,才换来最终的心如止水!

幕布上,璀璨的夜空下,已经坐上救生艇的露丝,泪眼蒙眬望着甲板上的翩翩少年,纵身一跃,跳上船。杰克紧紧地抱着她,不停哭喊,"你这个傻女人,你这个傻女人!"

到底要多爱,才会为了紧紧相拥的一刻,不顾生死?宋小凡仰起脸,任泪水肆意。回忆袭来,她却轻唱,"往事不要再提,人生已多风雨"。

/ 回忆的毒在扩散 /

电影散场,回忆的毒却还在扩散。

自以为经得起时间考验的宋小凡,却在这一刻被记忆的碎片击倒。哦,不,那些过往,怎么会是碎片。它们简直是洪水猛兽,不停啃噬着她心中残存的爱情信念。

所以,齐其忙完工作赶来赴约时,她愤怒得像一头老虎,准确点说,一头母老虎。

所幸,齐其不是没经历过世事的毛头小伙儿,宋小凡喋喋不休控诉着男人的罪行,他只是静静地听着。

最后,口干舌燥的宋小凡举起酒杯,一饮而尽,瘫倒在齐其的怀里。

她只记得，齐其好看的睫毛轻轻扫着她的脸，亲昵中，暧昧气息令她暖暖的。

醒来时，陌生的房间、陌生的床，还好，眼前的男人不是陌生的。齐其推开门，端着早餐，冲她揶揄道："小侄女，槽已吐完，补充点能量吧！"

宋小凡不敢抬头看。

生活中有太多的突然，她害怕此刻猝不及防。

"我说，我们没有乱伦哈，大叔可不敢打小侄女的主意。"

心中所想被齐其这么直白地倒出来，宋小凡倒有些嫌弃自己的矫情了。可是，他这么一说，宋小凡顿然明白，眼前的这个男人对自己全无男女方面的心思。

齐其的手艺不赖，小米粥清香四溢，荷包蛋软滑可口。

她一边吃着，一边听齐其絮絮叨叨抱怨昨晚她犯的失心疯。

原来，醉后的宋小凡，一直迷迷糊糊喊着阿诚、阿诚，还狠狠掐着齐其的手，愤怒地质问，为什么要抛弃我！

"你这分手后遗症自愈得太慢了，说，当初在相亲贴吧里发帖征婚，是不是为了疗伤？"齐其一语中的。

是啊，不是都这么说嘛，治疗分手的最佳办法，就是尽快开始一场新的恋爱！可是，面对眼前这个对自己无动于衷的齐其，宋小凡只能在心里大喊"呵呵"。

齐其点起一支烟，往事娓娓道来。

甜蜜恋情的桥段往往相似，而苦涩的分手却有各自的痛苦。

齐其的初恋，维持了七年。在他眼中，女友如一朵高洁的莲花，未走进婚姻殿堂，绝不肯加以玷污。却未料，白莲花经不起欲望诱惑，跟别人相识不过几个月就成了残花败柳。七年和几个月,时间在欲求面前显得特别苍白无力。

宋小凡推了推陷入往事的齐其,轻问:"你恨她吗?"

"不,我可怜她,哈哈,幸好你提早发现了你前任的出轨,不然结婚后,肯定一地鸡毛,所以啊,看开点。"

宋小凡觉得,齐其笑得有些刺耳,那样爽朗的笑声,撞着房间的墙壁,空洞地嘲笑着他的自我解脱。

看来,不仅仅是她,齐其也中了回忆的毒。

/ 到谁的心里去遛弯儿 /

下雨的夜,宋小凡懒懒地蜷缩在椅子上。

自那一次醉酒,她跟齐其倒是越发熟悉了,经常网聊到深夜。可惜,这熟悉已经完全偏离宋小凡的初衷。他像她的蓝颜知己,她是他的红颜解语花。

听着细雨轻叩窗户,宋小凡的心里泛起阵阵涟漪。爱情,若是像市场买菜交易一般,明明白白来个痛快,那该多好!可这世上偏有一种叫作友谊的东西,有多少陷于爱情却求之不得的痴男怨女,打着它的旗号,希望有一天能够满足自己的痴心妄想。

　　男人跟女人之间到底有没有纯洁的爱情？

　　宋小凡看着从茶杯里腾起来的阵阵热气，鬼使神差，在键盘上敲下这几个字。天知道齐其会怎么回答！

　　哈哈，都是男人跟女人了，还纯洁得起来吗？

　　齐其快速回道。

　　夜已深，他还未睡，是无聊吗？还是像自己这般，愁思万千？

　　你喜欢什么样的女孩子？直爽大气的吗？

　　宋小凡的好奇心，顿然被吊起来。

　　齐其跳过这些遮遮掩掩的问题，单刀直入：

　　你喜欢我？是吧？

　　看到这一行字，宋小凡的脸颊顿然浮起红云一片。应该有些喜欢的吧？他幽默风趣，跟他说话，完全无须过脑思索，更无须小心揣摩、格外防备。不过，她知道，自己就是那千疮百孔背着"家"慢慢往前爬的蜗牛，齐其却是轻捷灵敏的兔子。注定，不能一起奔跑。

　　喜欢，可是你的思想太难琢磨，我又是个患有严重精神洁癖的人。进不到你的心里，所以，徒有喜欢罢了。

　　幸好隔着网络，不然齐其会看到此刻的她，脸滚烫得像煮熟的螃蟹，手指颤抖着打下每一个字。

　　我知道了，你喜欢去别人的心里遛弯儿。

　　齐其回答。

　　遛弯儿！真是个贴切的词语。宋小凡看着，嘴角的弧度往上扬，笑靥如花。可是，她能到他的心里去遛弯儿吗？

宋小凡喝光杯里的水，轻叩着键盘，良久，没打出一句话。

我不介意你来我心里遛弯儿，别住下来就成，因为我很害怕。

对话框里，齐其来了这么一句。

害怕你爱上我，还是害怕我爱上你？

宋小凡飞快打出的这句话，却始终没发过去。

太熟悉，靠得太近，会被灼伤。宋小凡的心已经死过一次了，她不想再试。

/ 关于知己和恋人二选一的问题 /

如果将知己变成了恋人，还能保留当初那种心有灵犀的感觉吗？恐怕，再坦诚的恋人也会使出各种取悦对方的伎俩，而当初的无所不言早已隐没了踪迹。

人生在世，求一知己太难！

被工作缠身忙得不可开交的宋小凡，却有空思索这样一个问题：与其将齐其改造成自己的男友，不如保持现在这样的知己状态，有这样一位幽默机智的朋友，实在是一大快事！想怎么吐槽就怎么吐槽，想怎么放肆就怎么放肆，真是比男友来得痛快多了！

哪知，宋小凡刚刚把二人之间的关系定位想明白，齐其却告诉她，他要离开这个城市去北京发展，那里有更好的前景等着他。

宋小凡忽然笑起来，纠结良久得来的答案，不如这突然一别。

临别一餐约在一家香辣虾店。

宋小凡选了一条波西米亚风格的长裙，走起路来摇曳生姿，裙摆翻飞，令人迷醉。齐其夸赞，终于改头换面，越来越有女人味儿。可是，他的眼神却像一个男人看着另一个男人，丝毫没有动心的症状。倒是服务生来得很勤快，眼神不停往宋小凡身上瞄。

相谈甚欢，毫无离情别绪。

分别时，齐其提出去公园走一走。宋小凡眼睛一亮，这是要唱哪出戏？

找到一方长凳坐下。夜色里，看不到齐其的表情，宋小凡盯着水平如镜的湖面，不知道该说些什么。

你说，我们适合做恋人，还是做知己？

齐其问。

原来，这些天，他想的问题跟自己一样。宋小凡脑子转得飞快，却组织不出合适的语言来回答。没等她反应过来，齐其却伸过手来，紧紧握住了她的手。

宋小凡愕然，却瞬间明白：牵手的感觉，更像两个老朋友，而不是恋人之间的甜蜜互动。

他跟自己一样在求证：彼此之间应该归纳到哪一层关系。好像比知己多一点，比恋人远一点。

哈哈，我居然没有心跳加快！

齐其大笑。

宋小凡的心跳也没有加速！原来，恋人和知己之间的二选一，早就在时间的磨合中给出了答案。宋小凡捶了捶胸，做出痛心疾首状：

好不容易碰到一个适合当另一半的，却同化成闺蜜，真是得不偿失！

齐其揽过她的肩，追悔莫及一般说道：

可惜我现在心跳得很快，怎么办？看来我是反应慢半拍而已啊！

宋小凡不屑地撇撇嘴，才发现，月光如水，从树叶间隙照下来，照在齐其的侧脸上，真是眉目如画，让人沉迷！

爱情那么远，知己这么近，虽然不是程又青，万一修得李大仁呢？宋小凡忽然动了心。

第二辑
被风吹过的夏天

/ 只因为在人群中多看了你一眼 /

至今，夏夏还记得那个夏天。谁叫她的名字是夏的平方呢，所以她对一切跟夏有关的人和事格外敏感。更不用提那个夏天，那个令人惊心动魄、荡气回肠、百折千回的夏天！

那个夏天的故事，还得从春天说起。

那一年，春天来得特别早。还是春寒料峭时节，图书馆前的一片桃林已有不少花苞，几个不怕冷的花朵儿迎着寒风轻摇，煞是可爱。夏夏抱着一摞书，从图书馆出来，一抬头便看见那桃树底下，杵着一个穿着黑色风衣的男子，伸手勾着一枝桃花。

可恶！就这么几朵花，他偏偏想摘了去！

夏夏快步上前，费劲地将书抱在胸前，腾出一只手来，一把扯住这个不文明的人，"不准攀折花木。你不知道吗！"

草地软滑，夏夏一使劲，将那人拉了个趔趄，自己一屁股坐在了地上，书散落一地。那人不恼不怒，弯下腰来，帮夏夏将书一一拾起，"我只是看看，并不是摘花。这么美，谁忍心摘下来。"

话音软软，夏夏突然觉得自己的激动有些过了头。抬头再看，她更觉得丢脸。那是一张浸染了书卷气息的脸，说不上俊美，却有些令人着迷。夏夏的脸红成一坨，恨不得找个地缝钻进去。

真是的，谁叫你多管闲事，这下出糗了吧！

夏夏赶紧低下头，整理书本，火速离开。余光瞥到那穿着黑色风衣的男人，挺拔的背影立在高大的梧桐树下，三三两两的路人跟他比起来，显得矮小委琐。

咦，难道是花痴病犯了？

夏夏揉了揉眼睛，一拍大腿，赶紧叫醒快要迷醉的内心，三步并成两步走进学院礼堂。

这学期念完，夏夏就要大学毕业了。据说，今天这场演讲的主角，是一位跟夏夏一样来自中文系的特别年轻、才华横溢的学长。据说，这位学长才28岁，就快要获得博士学位。据说他已经出过几本学术论著……

夏夏特地坐在前排，她要看看这位传说中的人物到底是何等风采。这可不能怪夏夏见识浅薄。夏夏学的是中文，几部厚厚的文学史，讲的都是古人们的事，收录的都是名垂青史的佳作。就算只是个编者，她也伸长脖子等待着一睹风采。

演讲会即将开始，夏夏死死地盯着门口，大步跨入门内的，居然是早上遇见的那个男子。她不屑地眨了眨眼睛。哼！这种人，明显就是踩着点来上课的懒人，刚才还对他犯了花痴，真是不值得！

夏夏是那种年年奖学金拿到手软的学生，勤奋好学。那些整天不学无术、懒懒散散的同窗，不知道被她在心底叹息过多少回。

男子直接走到礼堂中央，夏夏的嘴巴张成一个大大的"O"型：他就是传说中的厉害学长？

伴随着柔和的音乐，屏幕上缓缓亮起，"倪一川"三个大字渐渐浮现。男子两手撑着讲台，清了清嗓子，自我介绍道：

"诸位学弟学妹，你们好，我叫倪一川。刚才我在礼堂门口听了一阵，原来，我还是咱们中文系的传奇人物，多谢大家谬赞……"

开场白平淡无奇，夏夏心中却泛起阵阵涟漪。原来是他，怪不得书卷气这么浓！早知道是他，早上那桩事对自己真是太不利了，出场形象太差劲！

台上，倪一川讲得唾沫横飞，夏夏却完全没有听清楚他说了什么。她的脑子里浮现出数不尽的泡泡，五彩缤纷。倪一川就住在那些泡泡里，像水晶宫里的王子，不可触及，一碰，泡沫飞溅，幻影顿灭。

演讲中场休息，夏夏仍旧沉浸在彩虹般的幻想里，直到倪一川径直走到夏夏的座位旁，食指叩着桌面，弹了好几下，才将夏夏的魂拉回来。

"学妹，我讲的内容怎么样？听着容易理解吧？有没有什么问题要问？"倪一川微微俯下身，擅自打开夏夏的课本，夏夏还没反应过来，他却连连赞叹："哦，你叫夏夏。嗯，名字好记。不错，记了这么多笔记，是个好习惯。不过，嗯，我刚刚讲的你怎么没记？"

晕！这可是大学！拜托，别用对待高中生那样的态度对待我！

夏夏顿了顿，老实交代："这个，我刚刚没认真听！"

"是学长讲得不够好，你觉得没意思，才不听的吗？"

"嗯，这个，不是，我，我走神了。"夏夏的脸红得像树上的桃花。

倪一川放下书本，掏出一张借阅证，放在夏夏跟前："早上你有本书被露水打湿了，你去图书馆还书的时候拿上我的借阅证，说是帮我借的。图书馆的老师跟我很熟，他们不会为难你的。"

这，算是对她那使劲一拉的补偿？

夏夏接过借阅证，轻轻翻开。第二页，贴着倪一川的证件照。眉毛拧巴，眉头皱起，俨然一副书呆子的模样。

/ 无风不起浪 /

刚刚回到宿舍，夏夏就被室友们包围了。

"说，你们什么关系？"

"怎么认识的？"

"你居然有倪学长的借阅证，麻利儿上缴！"

……

宿舍快被这群疯狂的女孩掀翻了。八卦，永远是女孩关注的焦点。

夏夏摇摇头，麻利地将倪一川的借阅证拍在书桌上。室友芸芸眼疾手快，一下子翻开，找到照片，献宝一般拿给其余几个"疯子"看。

"哇塞，帅啊。"

"啧啧，这就是长腿欧巴耶！"

"哎哟，容我花痴 5 分钟。"

芸芸长叹一口气，"你们别花痴了。据说倪学长已经有女朋友了，而且他女朋友长得漂亮，功课又好，两人简直是绝配。"

这话果然有杀伤力，花痴们终于唉声叹气地闭了嘴。

"他有没有女朋友跟我们有什么关系！难不成，人家没有女朋友你们要组队求爱吗？"夏夏从芸芸手中夺过借阅证，淡淡地说。

关于恋爱，夏夏的心中有一道不可逾越的标准：绝不跟同系的人谈恋爱，绝不跟搞文学的人谈恋爱。两个人在一起，做成一对书虫，怎么能够抵挡住这俗世的风雨？她已经够疯魔，得找一个烟火气息厚重的人在一起，才能在这大地生根，顽强存活。

"夏夏，你不知道吗？男女之间开始交往，借书才是高明手段。你看，我借你一本书，你看完了，还得找我还书，一来二去，就喜欢上了。倪学长把他的借阅证拿给你，明显也是这种段数嘛。你们说对不对？"芸芸是出了名的牙尖嘴利，风马牛不相及的事情，到了她那儿，总能扯出些关联来。

是这样的吗？夏夏没想到，会有这样的一层含义。可是，又能怎样？她再渴望，也绝不会做一个感情的小偷。

"芸芸，你想得太多了。"夏夏表示，她是个三观端正的好青年。

"哈哈，俗话说无风不起浪，倪学长这股风已经吹过来了，关键看你掀起多高的浪！"芸芸已经说起疯话来。

浪？

夏夏完全想象不出来自己炙热开放起来会是什么样子。反正看过的那些形形色色的小说都这样描述：女人不坏，男人不爱。她怔怔地看着借阅证，扉页上，倪一川的照片意气风发，正悄悄瓦解着夏夏关于爱情的种种设论。

/ 你从水上来，像放在草筐里的孩子 /

自那一次的借阅证事件，已经过去两个月，夏夏再也没有跟倪一川有所交集。她时常庆幸，幸好没有浪起来，要不然真是自作多情，惹人厌烦。所以，芸芸说的那一阵风，言过其实。

5月才到，H市的天气已经炎热，夏天快来了。毕业季，终于缓缓走来。学校的电台里，总是播放着那些感伤的离别歌曲，惹得人心里更加酸楚。夏夏变得很忙，经常泡在图书馆，一待就是一整天。她在忙毕业论文，已经没有太多的时间去想当初乍暖还寒时节，对倪一川的惊鸿一瞥。

不久，论文设计分组结果出来，夏夏的指导老师出门考察，便将指导夏夏毕业论文的重任交给了他的得意弟子倪一川。得到这个消息的时候，夏夏已经无法用言语表达复杂的心情。她以为，自己的那么点儿念想，仅仅存在幻想中而已。能有机会更进一步接触倪一川，欣喜不言而喻。可是，她又害怕，如果一不小心捅破暧昧这层窗户纸，该如何收场。于是，当倪一川打电话来通知夏夏说见面聊论文时，她的思想正在激烈地天人交战。这通电话来得正是时候，她麻利地抓起书跑向倪一川约定的教室，跟正要出门的倪一川撞了个满怀。

"夏夏学妹,你见面的方式一直这么特别吗?第一回是打架式,这一回是碰撞式。"倪一川眯着眼睛笑起来,调侃着。看起来,他心情好极了。

夏夏原本尴尬的神经一下子放松了。先前的纠结只是作茧自缚,夏夏开始有点讨厌自己的想入非非。

幕天席地。

不得不承认,倪一川真会挑地方。坐在柔软的草地上,不用看着他那双似乎能看穿她的眼睛,夏夏轻松地陈述了自己的论文情况。整个交谈过程,夏夏说得比较多,倪一川静静地听着,偶尔发表一下看法,鞭辟入里。

末了,倪一川请夏夏去他家,说要拿几本专业书给她参考。

"男女之间开始交往,借书才是高明手段。你看,我借你一本书,你看完了,还得找我还书,一来二去,就喜欢上了。"夏夏突然想起芸芸说过的这段话。

借书,真的是交往的开始?那,又该怎么天衣无缝迎合他的有意为之呢?

夏夏踌躇万分,双手抱在胸前,想了好大一会儿,无解。

"放心,怕学长吃了你不成?"倪一川误解了夏夏此刻的心情。

"那个,我还担心学长你消化不良呢,我可不好吃。"夏夏针锋相对地回应。

晚风轻拂,倪一川绅士般走在外侧,夏夏刻意走得很慢,跟他拉开一段距离。他走走停停,总等她赶上来。

多么贴心,不过这是别人家的男朋友!夏夏看着倪一川的背影,难过地想。

很快,就到了倪一川的家。夏夏趁着倪一川倒水的空当,匆匆扫了几眼，便断定：这明显是个单身汉住的地方。沙发上的报纸散乱不堪，茶几的玻璃上还有难看的茶渍，而刚进门的鞋柜里放着清一色的男鞋。

他的家里怎么没有一点点女孩子的痕迹？如果真的有女朋友，至少门口会有一双女式拖鞋吧！

夏夏为自己再也浅白不过的推理欢呼雀跃起来，她真想脱掉鞋子，在沙发上使劲跳几下。而拿着书过来的倪一川，刚好逮住了她这得意忘形的眼神。

夏夏厚着脸皮，声音低得不能再低："倪学长，你不是有女朋友吗？家里怎么乱成这样？"倪一川笑得意味深长："不放出流言，怎么阻挡得住其他女孩？我可没有精力一一拆解学妹们的倒追功夫。可是夏夏，你知道吗？我见到你的第一眼，我就觉得你就像放在草筐里的孩子，从水上漂到我的枕边来！"倪一川扔下书，将夏夏紧紧搂在怀里。

夏夏乖巧得像一只温顺的猫。她知道，倪一川说的这番话，借用的是《生命不能承受之轻》中的内容：托马斯痴爱特蕾莎，见到她的一眼，就觉得特蕾莎是一个被放在树腊涂覆的草筐里的孩子，顺水漂到他的床榻之岸。

他这么说，是想告诉自己，在相遇之初，他已经爱她到不能自拔？夏夏这样想着，甜蜜得忘了思考。

/ 爱，是另一种窒息 /

在倪一川的指点下，夏夏顺利通过论文答辩。自然，聪明如她，没有倪一川，她照样可以交上精彩的论文。只是，深陷爱河，她想将这一切功劳功归于他。不是说，所有男人都是大男子主义的吗？她希望，这点小小的聪明，赢来他更多的疼爱。

宿舍的姐妹都嫉妒红了眼：果真让芸芸说对了，倪学长的段数就是高，从借阅证开始，夏夏就掉进了他的圈套。只是，他为什么会放出已经有女朋友的烟雾弹？就是为了吓退这群花痴女生，好留着时间追夏夏吗？

"他没有你们说的那么阴险！人家是在保护我！"

夏夏一副小女儿情态，为倪一川辩护。

手机响起，是倪一川每日必须要做的功课，查岗。

倪一川说，夏夏这样的傻丫头，感情用事，毕业季可千万不能被别有企图的男生在聚会上灌了酒，出了事。所以，时刻查岗，是他爱她的方式。

当初，他云淡风轻的神情，都去了哪里？

夏夏虽然受用倪老师这种特别的关心方式，但偶尔也会觉得心烦意乱。为什么，恋爱会让两个原本陌生的人如此生硬捆绑？是越拥有越害怕失去吗？《生命不能承受之轻》里面的特蕾莎，就是爱托马斯爱到疯狂，她总是以为托马斯时时刻刻会背叛自己。

夏夏接完电话，极力表示不会参加太多的男生聚会。倪一川用可怜巴巴的语气哀求，说一定要去的话，带上他。

带上书呆子一般的倪一川，大家还会玩得开心吗？夏夏无奈地摇摇头，嘴上却满口应承下来。他比想象中更爱自己，她不是应该更加觉得幸福吗？夏夏想不明白，她的心里，何时有了一条禁锢的锁链，生生切断了原先自然而然的一切联系。甚至有时候，一看到倪一川的来电，她感到被拉入一条波涛汹涌的暗流，仿佛快要窒息了。

如果你真的爱我，可不可以不要这么用力！

夏夏发完信息，直接关掉手机。她再也不去想，倪一川此刻是不是眉毛拧巴着，使劲捏着手机。

/ 从你兵荒马乱的世界逃离 /

跟倪一川在一起，夏夏总觉得在冰与火的两个世界穿梭。

窝在倪一川家里，看看书，聊一些漫无边际的话题时，倪一川是妙语连珠的开心果。他总能说出一些好玩的事情来，令夏夏笑到腰都直不起来，干脆躺在地上打滚。

而一旦离开他的视线，电话打爆，如果不接电话他会直接冲进女生宿舍。只要看到她跟男生说话，他立马火冒三丈，似乎全世界除了他，再也没有一个好男人，所有男人都对夏夏想入非非。

也许，时间会消磨一切。

爱之初，热情和占有欲不可避免，所有陷入爱河的人不都是恨不得成为连体婴儿吗？然而，当热恋褪去，我们会看到恋人原本那些被我们过分美化的缺点，就不如当初那般痴缠，会给彼此适当的空间与自由。接受完整的对方，还需要漫长的磨合期。因此，夏夏常常安慰自己说，等一等，再等一等，时间久了，就好了。

这一等，就等到了毕业酒会。

直到现在，夏夏还记得，那天她在芸芸的怂恿下，破天荒穿了吊带裙。

男生们见惯了全身上下一直裹得严严实实的夏夏，忽然见到她一袭长裙，香肩裸露，很多男同学都看呆了。

芸芸得意忘形，在夏夏耳边表功："我说吧，足够晃瞎这些土包子男生的狗眼！"

果然，一整晚，不停有男生上前合影，举杯喝酒。

同窗四年，多少有些情谊。夏夏跟班里的男生走得不太近。此刻，听着他们说起四年里的点点滴滴，却觉得这些人，是生命里的一道道彩虹。现在，彩虹散去，各自奔天涯。

不知道是谁，将欢快的音乐换成了朴树的《那些花儿》。一时间，大厅里频频推杯换盏的男男女女，放慢了脚步，降低了声调。是啊，谁都明白，说再见容易，想再见太难。

离别的情绪一下子涌了上来，夏夏喝完最后一杯酒，竟然倒在来人的怀里。这个人，是夏夏大学四年来最交心的蓝颜。她喜欢他飞扬的文采，他欣赏她别致的才情。这两个人，经常在星光满天的夜晚，围着操场，扶栏畅谈。只有他，最懂得她那些矫揉造作的小儿女情态里，水晶般的真纯；只有他，最懂得她那些刻薄尖酸的见解里，隐藏的脉脉温情。

就在最后的临别时刻，给彼此一个温暖的怀抱吧。夏夏再也不顾及什么男女大防，轻轻地靠在来人的怀里。

然而，她还没将头完全靠过去，就看见一个高大的身影走了过来，老鹰拎小鸡一般，将夏夏从那男生的怀里捉出来，夺过酒杯一饮而尽，拉着她扬长而去。

吹着冷风，夏夏清醒了许多。不过，只是一个拥抱而已，一个象征友谊的拥抱。倪一川，你凭什么这样发狂！夏夏看着站在面前的这个男人，一脸阴郁,双手紧握。他还是当初那个梧桐树下,高大伟岸、书香习习的男子吗?

倪一川痛苦的脸,夏夏忽然觉得好陌生。爱情,将这个男人到底折磨成什么样子?他像陷入一个无底深渊,还要硬拉着夏夏跟着自己一起沦陷。

人生若只如初见,该有多好!

夏夏看着五彩缤纷的霓虹灯,一字一顿地对倪一川说:"倪一川,我们分手吧!"

倪一川愣了愣,旋即哈哈大笑。他早就知道会是这样的结局。他的爱太过沉重。夏夏却只是个刚刚脱下鞋,伸个脚趾头探路的孩子。爱的程度,如此不对等,怎么撑得到地久天长!

转过身,泪水肆意。终于从倪一川的世界逃离,夏夏提着裙子,大步往前走。每走一步,她都在心里大喊一声给自己壮胆:别回头,千万别回头。

/ 给你一个幸福结局 /

毕业后，凭着聪明才智，夏夏很快找到一份编辑工作。这几年，她成了工作狂，凡是想跟她约会的男人，统统被她以没有时间为借口，挡驾在外。但是，忙得连轴转的夏夏，却有分身术，一有空闲便卷一本书，到当年遇见倪一川的地方，一待就是一上午。

几年过去了。夏夏从青涩稚气的大学生摇身一变，成了干练靓丽的职场达人。她再也没有遇见倪一川，再也没有关于他的任何消息。分手，彻彻底底。

然而，有时候，生活就是这样充满戏剧。注定的缘分，还是会在注定的时刻，悄然降临。

那一天，夏夏正对着电脑前校对稿件，主编敲开办公室大门，领进一个熟悉的身影："夏夏，有人找！"

是他！

多年不见，倪一川的书卷气更加浓了。

研磨时光，两杯拿铁。

夏夏轻轻抿一口，倪一川将自己的那一杯轻轻推到夏夏面前，淡淡地笑着:"我喜欢喝茶。这杯,你代劳吧。"

以前,两个人在一起看书时,倪一川喜欢喝咖啡,夏夏喜欢喝茶。几年了,他们的喜好却颠倒过来。夏夏的心,开始下沉。隔着茶色玻璃窗,看着大街上车水马龙,曾经爱过的男人就在眼前,真像一部老电影。

分手之后,夏夏一度懊恼难过。她经常到遇见倪一川的那棵桃树下等待,期望有一天能够相遇。渐渐的,等待,成了生活里必须要做的功课。没想到,有一天,不用等待,他自己送上门来了。

"你怎么会凭空消失这么几年?"夏夏漫不经心地问。

"博士毕业后,我原可以留校任教,但是夏夏我没办法在熟悉的地方待着,我总会想起你,想起我们相遇的那个早晨。于是,我申请出国深造。现在,我学成归来,这几年就这么过来了。"

倪一川定定地盯着夏夏,生怕一眨眼就再也见不到她:"一回来,我就来找你。我原本以为,断了联系,我会彻底忘记你。我经常想起你当初发给我的那一条短信,你说,如果真的爱你,可不可以不要这么用力。现在,我才懂得,爱是在自由的基础上建立起来的幸福和快乐。"

兜兜转转,他终于明白了吗?

"所以,现在,我想,给你一个幸福结局。"倪一川掏出戒指,单膝跪地。

夏夏伸出无名指,倪一川颤抖着将戒指戴上,拥她在怀里。

微风袭来,夏夏的眼角挂着一朵晶莹的泪花,扑簌簌滚落下来,滴落在尘埃里。

不是所有的痛苦和纠缠都能柳暗花明。所以,当幸福再次降临时,得赶紧伸出有力的双手紧紧抓住。对吗,倪学长?夏夏在心底,轻问。

第三辑
女大三，男大四

屋漏偏逢连夜雨

陆晓雨今天不知道撞到了哪一位大神，精心准备的约会变成了分手餐。

"晓雨，我们分手吧！"

两岸咖啡里，靠着沙发，李扬突然说出这么一句。

陆晓雨搅着摩卡的汤匙突然一晃，撞得杯子发出清脆的声响，好端端的怎么要分手！今天又不是愚人节，开玩笑也得选好时候吧！

"为什么？"

"我爱上别人了。"

原来是移情别恋。男人果真是喜新厌旧的动物，热恋期刚过，只是她为了找工作稍微忙了一些而已，他就这么迫不及待找了下一任。

"那你是爱她，还是爱上她？"

陆晓雨故意提高了嗓门，将那个"上"字咬得特别准，拖音拖得特别长。邻桌，有几个好事者已经探头探脑地朝她和李扬望过来。

"你看你就是这个样子，哪个男的敢要你！"

"可是，当初你就说独独喜欢我这个样子！"

陆晓雨咬牙切齿，针锋相对。李扬自知不是大学时期超级辩手陆晓雨的对手，拿起包，落荒而逃。

就这样，分手了？

陆晓雨简直不敢相信。当初，是他说喜欢自己满身棱角的可爱模样，是他说会用尽一辈子的时间来保护她。今天，他却说他不敢要这样牙尖嘴利的自己。

李扬啊李扬，你说的话，到底哪一句是假，哪一句是真！

还没等陆晓雨分辨出真伪，电话响起来。

"陆晓雨吗？不好意思通知你，虽然，这次面试你非常出色，但是我们目前确实没有吸收你这方面人才的计划，不好意思耽误你时间，抱歉！"

"不招人还让我来面试！逗我玩儿呢，喂，喂……"

对方以迅雷不及掩耳之势挂掉电话，不再听她聒噪。

失恋、没工作，能不能更惨一点！陆晓雨气势汹汹喝完剩下的咖啡，伸进提包却发现，忘记带钱包！果然更惨了，李扬这个猥琐男，分手饭的饭钱都懒得出。陆晓雨恨得牙痒痒，掏出手机来，打电话给闺蜜求助。

闺蜜火速赶来救场，陆晓雨总算顺利回到她跟李扬临时组建的家。房间里，李扬已经将自己的东西收拾干净，仅有床头的一对可爱的陶瓷小猪亲密依偎着，证明着这段已经成为往事的爱情。

这到底是什么道理！谁规定过，女孩子就该柔柔弱弱佯装可怜！女孩子就该轻声细语柔情万种！让这些狗屁不通的道理见鬼去吧！现在这个社会，哪里还有真正的淑女！男人都是自欺欺人罢了！爱你，就觉得你什么都是好的，不爱你，你再千娇百媚都是自作多情！

陆晓雨恨恨地将陶瓷小猪扔进垃圾桶，蒙着被子大哭了一场。

情意千金,不敌胸脯四两!

陆晓雨擦干眼泪,想起这么一句话,编辑好,发给了闺密。

一小盒酸奶100克,四两不也就两盒酸奶的样子嘛。这样的男人不要也罢。不过,你是哪位啊?

陆晓雨看看短信,原来输入号码时,最后一位输错了。这人说的话还挺有道理。交个朋友吧。陆晓雨将自己的名字发过去:陆晓雨,性别女,爱好男。

等了很久,也不见对方回信。陆晓雨一张一张翻看着手机里跟李扬的合影,一张张删去。

/ 山重水复时,柳暗花明 /

李扬说,早餐要吃豆浆加油条,这样的搭配才美味。他说这话的时候,陆晓雨刚好犯了爱情盲目信任综合症,反正只要是李扬说的,都是对的。不是还有这样一首歌吗:你和我就像豆浆油条,要一起吃下去味道才算是最好!

她乖乖地吃了一年的豆浆油条。现在好了,早餐吃什么再也不用听某人的碎碎念了。陆晓雨端了杯牛奶坐在阳台上,大口大口喝下去。爱情没有了，食欲却大增。

清晨的阳光洒满阳台，陆晓雨一下子拉开窗帘，想将屋子里所有关于李扬的气味统统杀死。

昨晚，她做了一个奇怪的梦。

梦里，她追着李扬问，为什么要分手，为什么要分手？不断往前奔跑的李扬停下来，异常严肃地回答：其实，晓雨这跟你无关，我喜欢的是男人。陆晓雨觉得这并不是真相，她紧紧抓住李扬的手，李扬却使劲一甩，逃命似的消失在视野里。

想起这个梦，陆晓雨觉得自己找到了最好的分手理由：没办法，我男朋友他喜欢的是男人，我只好成全他了！

对，就这么办，陆晓雨决定，只要有人跟她打听李扬为什么要和她分手，她就这么说。虽然看上去有点歹毒，可是他毫无征兆地甩了她，起码得让她心理稍微平衡点吧。

陆晓雨想着，又吃下一个煎蛋。

手机响了，终于等来了一场面试。陆晓雨换上职业装，心想：这次志在必得！不管这是不是她喜欢的工作，先拿下，养活自己才是眼下最需要解决的事情。至于失恋，腾出时间来再悲伤吧。

面试官是一位西装革履的商务男，看上去大概三十多岁，浑身上下散发着熟男的味道，陆晓雨简直要陶醉在他那深邃的眉眼里。经历过这么多场面试，这是唯一一场让她不紧张的。

估计是她的侃侃而谈为她加分不少，面试官当场宣布了录用决定：

"陆晓雨，恭喜你成为新锐广告的一分子。不过目前我们策划部满员，你愿意到市场部来工作吗？如果愿意，明天来报到！"

"愿意，愿意！"起码有个公司录用她了，"那个，能先预支一个月的薪水吗？"马上要交房租了，预支薪水实在是无奈之举。

面试官点点头，给她开了一个单子，让她明天直接去财务部领取。

他开了两个月的！陆晓雨拿到单子后，眼睛瞪得老大。居然有这么好的事情，看来她时来运转了。

"你就是那个'爱好男'的陆晓雨吧。我叫赵晨，以后是你的直接上司，你叫我老赵就行！"面试官看着喜笑颜开的陆晓雨，淡淡说道。

我是'爱好男'的陆晓雨吗？居然给顶头上司留下这样的印象。她终于想起那条发过的短信。

陆晓雨朝赵晨点点头，快速离开。

/ 老赵来也 /

上班没几天，陆晓雨就接到一个大任务。当然，是赵晨以照顾新人的名义，分派给她的。客户要跟公司商定一个上百万的广告合同，如果能成功签单，她能拿到差不多八万块提成。啧啧，八万，陆晓雨仿佛看见一大堆钞票向自己砸来。

失恋后，陆晓雨明白了钱的重要性。赚钱，赚很多的钱，才能填补她心中缺失的那一块，让自己暂时脱离悲伤。所以，当客户说喝一杯、再干一杯时，她眼睛都不眨一下，喝光了还将酒杯倒立，以示诚意。

"何必这么拼！"

赵晨看着胆汁都要吐出来的陆晓雨，掏出纸巾轻轻地擦去她嘴边的污渍，淡淡地说。

陆晓雨知道，只要她开口，赵晨一定帮自己挡酒。但是，如果不喝成这样，宾客不够尽兴，看不到自己的诚意，合同签不下来。

"没事，我透透气就好了。"

陆晓雨推开赵晨的手。赵晨不依不饶，男人的强迫精神上来，硬扶着陆晓雨回到席上，将她按在自己身边坐下。客户见陆晓雨醉成这样，不好意思再劝，约了回头细聊合同事项。

"初战告捷！干杯！"

客户刚走，陆晓雨端着酒杯要跟赵晨庆祝，脚下一滑，瘫倒在赵晨怀里。醉眼蒙眬中，她看见赵晨的脸忽然变成李扬的，便使劲捶打着哭喊起来：

"你这个没良心的，为什么抛下我？说，是不是嫌弃我不够女人味？你说分手就分手了，你知不知道那天把我一个人晾在那里，身上一分钱也没有，我多狼狈！我要把你的心掏出来，我要把你的心掏出来看看……"

赵晨的脸色变得很难看，抱着陆晓雨走向一辆SUV，打开车门，拿出一瓶矿泉水，打开了浇在陆晓雨脸上。陆晓雨清醒过来，看见赵晨一脸严肃，一个鲤鱼打挺从他身上跳下，趔趄几步站稳："赵总，哦，不，老赵，谢谢你。今天多亏有你！"

"嗯，看来清醒了。不就是一个男人吗，而且还是一个对感情不忠诚的男人，值得你这么犯贱么？"赵晨是出了名的好说话，今天却如此毒舌。

陆晓雨不知犯了什么浑，跟他杠上了："我乐意犯贱！青春年少，再不犯贱就老了！"

"原来，你把自己看得这么廉价！怪不得人家不要你。"

赵晨说的这些话虽然不无犀利，确是不争的事实。爱情里，谁爱得多一点，就注定要伤得深一点。一直以来，陆晓雨都以为自己是个注定得不到爱情的刺猬，李扬跟她表白时，她觉得整个星空都是为自己闪亮，终于等到了慧眼识珠的那一个人，她怎会不深爱呢？所以，她倾尽一切，让他搬进自己的小窝，戴上围裙挽起袖口学习做他喜欢的温婉小女人。时过境迁，不管她多么努力，他还是移情别恋。难道，从一开始，就是她在犯贱吗？

忙得来不及悲伤的陆晓雨，却因赵晨的几句话，果断打开情绪的闸门，任泪水夺眶而出。

一次哭泣无法治愈失恋，也许多哭几次就好了。将一个在心里住了太久的人赶出去，不是那么容易。陆晓雨不知道，她还要用多少天，才能将李扬从自己的生活里彻底赶走。

赵晨耐心等陆晓雨哭完，送她回家。路过阿依莲，赵晨靠边停车接电话。透过车窗，陆晓雨分明看见，李扬拥着一个女孩，从阿依莲走出来。是的，李扬就喜欢那种粉嫩色的调调，公主范儿的打扮，希望女友是一个长不大的洋娃娃。

幼稚！有病！

陆晓雨骂了一句。

赵晨拍了拍陆晓雨的肩膀，"幸好，你再也不用打扮成芭比娃娃了，陆晓雨，你解放了，高兴点！"

陆晓雨捏捏双颊，挤出一个蹩脚的微笑，赵晨深邃的眼睛里闪过一丝玩味的光彩。

这天夜里，依旧是噩梦连连。末了，陆晓雨看见赵晨挥着一把钢刀赶来，大叫一声："老赵来也！"赵晨举刀挥舞的模样特别滑稽，陆晓雨哈哈大笑，终于从噩梦中挣脱醒来。

老赵，你开始管我的梦了吗？

陆晓雨靠着床头，喃喃自语。

/ 小鲜肉的爱情梦想 /

市场部新来了一个男孩子，名叫宋颂，他长得眉清目秀，活脱脱一枚小鲜肉。赵晨将小帅哥宋颂分配给陆晓雨当手下，全公司的女人都用艳羡的眼神看着陆晓雨。陆晓雨却一脸苦瓜相，连连吐舌头。

在陆晓雨眼里，宋颂就是个好奇宝宝，成天跟她打听公司的八卦。陆晓雨不擅长此道，宋颂经常白眼一翻：晓雨姐，你OUT（落伍）了。

"好好工作，别想这些乱七八糟的东西，八卦是女人的专属，你是想变性还是变态？"已经成为工作狂魔的陆晓雨，对跟工作无关的事情毫无兴趣，自然也不希望宋颂关注这些鸡毛蒜皮的事情。

宋颂知道，陆晓雨对自己这张帅气的脸免疫，只得乖乖地当陆晓雨的小跟班，天天不是整理客户资料，就是拜访客户。要是哪一个地方没做好，少不得挨陆晓雨劈头盖脸一顿乱骂。

新人嘛，这一关是必不可少的，当初，赵晨也没少骂她。陆晓雨觉得她这是言传身教、苦口婆心，是实打实地将有用的工作经验传授给宋颂。好在，宋颂脸皮够厚，陆晓雨每次数落，他总嘻嘻哈哈辩解：打是亲骂是爱，拳打脚踢谈恋爱嘛，晓雨姐，你对我可是真爱啊。

每回他这么说，都惹得陆晓雨追着他满办公室跑，逮着了一顿好掐，保管几个星期都散不了瘀血印记。就算这样，宋颂还是改不了那副吊儿郎当厚脸皮样子。陆晓雨想，肯定是她上辈子欠了这位魔君的，这一世，他来跟自己讨债。有时候，赵晨看到龇牙咧嘴的宋颂，会上前拍拍陆晓雨的肩膀，像前辈一般地指教："找肉多的地方下手，让他长点记性！"

陆晓雨心领神会，加大手劲。损人坑人，在赵晨面前她一向自愧不如。

宋颂牙齿咬得打战，却凑到陆晓雨耳边撩拨，"姐，老赵跟你天生一对，以后你们的孩子，天天遭受你俩混合双打，惨！啊，姐，轻点！"

现在的小屁孩，真是不受教。陆晓雨摇摇头，带着宋颂请客户吃饭。一路上，她说了很多酒桌子上的规矩。可是，到了酒桌子上，宋颂全然将她的话忘在脑后，一个劲地劝客户喝酒吃菜，好几次陆晓雨想帮他挡酒，宋颂豪气万丈，喝了个底朝天。

宾主尽欢，拿下合同，宋颂醉得一塌糊涂。陆晓雨只得把瘫倒在大街上的宋颂领回家。

伺候宋颂入睡，陆晓雨累得满头大汗，裹着毯子蜷缩在沙发上凑合。

闺蜜发信息过来嘲笑，说美男在侧，良宵苦短！

陆晓雨发过去一个不屑的表情，困顿入梦。

孤男寡女，一夜相安无事。醒来时，陆晓雨发现从厨房飘来阵阵粥香。一看，不知何时，宋颂穿上许久不用的围裙，围着灶台做起早餐。

"早！快点洗漱，开饭啦！"宋颂特别自来熟，俨然男主人。

清炒黄瓜，皮蛋瘦肉粥，鸡蛋饼。色香味俱全，更有美男在侧，令人胃口大开。陆晓雨一连喝了三碗粥。

饭后，宋颂泡上一杯红茶，搬了椅子坐在阳台上，跟陆晓雨讲了一个老掉牙的故事。

那一年，宋颂刚考上陆晓雨所在的学校，而陆晓雨即将毕业。陆晓雨是老师的得意门生，被请到宋颂所在的班级做了一次主题为关于梦想的演讲。陆晓雨到底讲了些什么，宋颂已经记得不清楚了，但是他一直记得陆晓雨讲话的时候，那无比坚定的眼神，她的眼睛像闪闪发光的宝石。

"所以，你现在是在跟踪我？"陆晓雨打断了宋颂的回忆。

"晓雨姐，我有那么无聊吗？你就没觉得我有点喜欢你吗？"宋颂突然心情低落了。

"那个，宋颂，我们差了三岁呢，人都说三岁一代沟。所以，咱俩，没可能！"陆晓雨是绝对不接受姐弟恋的，带宋颂这段时间，她已经饱受折磨。

"人还说，女大三，抱金砖。"

"那是你抱了金砖，苦的可是我自己。我才不想当奶妈照顾小孩子。"

"乱说，分明是我照顾你，你看，你还吃我做的早饭呢。"宋颂赶紧抢白。

陆晓雨一时语塞。

她绝对不会接受姐弟恋，绝对不能！宋颂绝对是头脑发热，一时冲动。《天龙八部》里，阿紫爱乔峰，不过是因为看到乔峰在阿朱墓前伤心欲绝，被乔峰的痴情打动，孩子气一般硬要赢得乔峰的爱情。那样的爱情，只算得上吃不到糖果的孩子在尽力企求！宋颂估计也是这般。那一次的演讲，她早已忘却，更不记得有一位这样的学弟。他只不过是痴情于那时的自己罢了。

将宋颂从家里撵出去，陆晓雨靠在门背后，大口大口喘气。

时光流逝，陆晓雨不再相信年轻时期的爱情梦想。毕竟，她已经27岁，刚从失恋中挣脱出来，不想再陷入无果的梦幻里。

/ 恩不抵爱 /

赵晨发来夺命连环CALL（电话），陆晓雨吃痛一般看着手机，直接按了关机键。

肯定又是业务的事情。

短短的几个月，陆晓雨展示出惊人的业务才能，拿下好几个大单。兴许是担任过最佳辩手的缘故，她口才出奇地好，总能打动客户，赵晨对她也越发看重。然而，陆晓雨一直想转到策划部工作。做市场部的工作，灯红酒绿，她害怕有一天变成自己都不认识的模样。更何况，现在市场部有一个迷恋自己的小鲜肉宋颂，去策划部刚好能躲过他的纠缠。

"老赵，我想转去策划部工作。"陆晓雨打通赵晨的手机。

5分钟后，赵晨出现在陆晓雨家门口，"出来陪我走走吧，先不谈工作。"

绕着环城公园，走了一大圈，直到腿脚发软，陆晓雨找了条长凳坐下来喘气。眼前，又浮现那一晚，醉酒后瘫倒在赵晨怀里哭诉的情景，接着，是噩梦里，他大刀一挥，高呼："老赵来也。"眼前的赵晨，到底是个什么样的男人呢？

陆晓雨心神晃荡。

赵晨忽然伸过手来，抓住陆晓雨汗涔涔的手，放在膝盖上。"晓雨，是不是因为宋颂那小子跟你告白了，所以你想逃到策划部去？"

陆晓雨奋力想抽出自己的手，力气不够，只能眼巴巴地任由赵晨占自己便宜，"放开我的手，要不然我叫人了。"

"你是想说非礼吗？那天宋颂这小子有没有非礼你？"赵晨答非所问，放开了陆晓雨的手。

陆晓雨别过头，懒得回答这个无聊的问题。眼角扫过不远处的一棵垂柳，满树新芽在迎风招摇。原来，春天已到。难道，刚从失恋走出来又要陷入爱情漩涡吗？赵晨的眉眼，分明情思无限，一派春光。

"老赵，别告诉我说，你也喜欢我，再这样，我得辞职了。"陆晓雨干脆打开天窗说亮话。

"我比你大4岁呢。男大四，一辈子，不是吗？我如果不是喜欢你，当初接到你那条短信，就不会回应你了。你跟前任分手的那天，我就在邻桌。所以才知道你当时的状况，后来去公司看到你的简历，通知你来面试。我以为日久天长，水到渠成，才是我跟你畅叙心意的时机。没想到，半路里冒出来一个宋颂，我只得先说了出来。小男孩的爱情纯澈，老男人的爱情厚实。如果你不愿意再住进别人的幻想里，只想当你自己，那就从了我吧。"

原来，是他，在自己最落魄的时候慧眼识珠，让她得以安稳地工作、生活。

恩不抵爱。

陆晓雨思忖着这几个字，试图弄清楚自己的感情到底往哪个方向涌动。

/ 桃花朵朵开 /

赵晨这边，一天一朵百合，宋颂这厢，一天一朵粉玫瑰。

同事笑言，"晓雨，你都可以开花店了。"

一边是小3岁的宋颂，单纯、快乐的大男孩；一边是大4岁的赵晨，成熟、稳重的大男人。陆晓雨不知道如何权衡。

她如愿去了策划部，尽量远离这两个男人。

逃，不是解决问题的最佳办法。她总能听到一些闲言碎语，说她不知用了什么手段，竟然惹得公司两大帅哥争先求爱。更有甚者，添油加醋，说晓雨晓雨，听名字就是个擅长露水感情的人。

好不容易才找到工作，陆晓雨不想放弃。每天生活在飞短流长中，整夜整夜都是噩梦，不是掉进深不见底的悬崖，就是被一群无头女鬼追赶。醒过来，一身冷汗。那两个爱她的男人不知道，爱，有时候是锋利的刀，虽不见血,却伤人至深。

闺蜜笑话她,要不然,两个美男,你挑一个,剩下那一个送给我吧。

是啊,总要做一个了断。

陆晓雨叹了口气,将堆满办公桌的百合和玫瑰分别包好,一手抱一捆,像抱着手榴弹准备赴死的战士,推开市场部大门。

赵晨临阵脱逃,宋颂一脸期待,没等陆晓雨宣判,抢先接过陆晓雨手里的花束,"晓雨姐,你是不是嫌弃我年纪小?没有担当能力?那我告诉你,新锐这家公司,是我们宋家的家业之一。我到市场部只是实习,马上我会接管部门总监一职。这下,你相信我了吧。年龄只是一个参考值,晓雨,接受我吧。"

宋颂居然是傲娇富二代!

陆晓雨真是跌破眼镜,宋颂这个吊儿郎当的小鲜肉,能担起经营公司的大任?

"没想到,宋颂你居然这么有背景。可惜,你啃老是你的事,我才不想当寄生虫身上的寄生虫。"

"说句好话会烂舌头吗?陆晓雨,当年那个英姿飒爽的你,去哪里了?"宋颂恼怒,将花随手扔进垃圾桶。

那个英姿飒爽的陆晓雨?兴许早就随着时间的消磨,走丢在万丈红尘中。

陆晓雨不再搭理宋颂,附身将百合放在赵晨的办公桌上,却发现,宽大的办公桌空空如也。过于整洁,完全不是赵晨的风格。

"赵晨辞职了。"宋颂淡淡地说。

"干得真是漂亮,名义上是你升职,实际上把情敌赶走。宋颂,我还真低估了你。"陆晓雨想起赵晨清冷的眉眼，他那么骄傲，怎会让一个毛头小伙当自己的上司？辞职，当然是最明智的选择。

她一直沉浸在这两朵桃花带来的爱情困惑里，没有时间顾及两位情敌的动向。当得知赵晨离开公司，她才知道，这两个男人为了自己，早已开展了各种明争暗斗。对陆晓雨来说，不管是做恋人还是同事，赵晨已经在她心里占据了一个重要的位置。

打了好几次电话，陆晓雨终于在健身馆找到赵晨。他正挥汗如雨，运动中的男人真是迷人。陆晓雨看着跑步机上的赵晨，有些呆了。

赵晨拉着陆晓雨席地而坐，"其实，辞职不是因为你。我早就想休息一段时间，骑行西藏。所以，晓雨，不要因为这件事干扰你的选择。我还是那句话，如果你不想再住进别人的幻想里，只想当一个真实的陆晓雨，那么我随时恭候。"

准备了满肚子的安慰话，陆晓雨一句也没说出来。是她想的太多，太过矫情吗？

赵晨，能不能给一个明明白白的表白！分别时，她抱着双手，刻意保持距离。

/ 男大四，一辈子 /

赵晨如愿去了西藏。陆晓雨记得，在哪里看过一句话，说男人一定要去一去西藏，因为，西藏纯粹得像他们的初恋情人。

赵晨一定是躺在初恋情人的怀抱里，不愿归来了吧。他一直给陆晓雨寄明信片，看那潇洒的笔迹，想必写信时，快乐得忘乎所以。

赵晨走了6个月。在这半年里，宋颂变着法儿讨好陆晓雨，每一次都是浪漫开头，喜剧收场。

最后一次，陆晓雨淡淡地说，"宋颂，我再也回不到当初你遇见的那个陆晓雨了。我为你的痴情感动过，但我确信，这并不是爱情。爱情可以等同于感动、奉献、忠诚，但感动、奉献和忠诚却无法等同于爱情。我的青春到了尾巴尖，你的青春生机勃勃。我没有时间和耐力，陪你来一次爱情的冒险。所以，宋颂，对不起。"

宋颂淡淡一笑，将怀中的玫瑰送给路边扫地的清洁阿姨，大步流星地离去。

这一晚，陆晓雨靠着床头，一张张翻看赵晨寄来的明信片，她做了一个奇怪的梦。梦里，宋颂揽着赵晨的肩膀，对她幸福地尖叫：晓雨，我终于找到自己的另一半。那厢，赵晨也紧紧拥抱着宋颂，一脸痴情。

陆晓雨吓醒了，黑暗中摸到手机给赵晨发信息：我梦见你跟宋颂相恋了，你们俩不会是真的吧？

赵晨快速回了信息：我在你家门外。

陆晓雨来不及穿拖鞋，光着脚打开门。一身泥土香味的赵晨扛着单车，闯进屋子。

陆晓雨一脚踢上门，蛇一般缠上去，"你说过的，男大四，一辈子，缠你一辈子，愿意吗？"

赵晨拨开她眼前的碎发，"如果这就是最真实的你，我甘之如饴。"

一生中，我们总会在不同时期扮演不同的角色。但是，总有那么一个人，让你摘下角色面具，敞开心扉，自由自在。让陆晓雨释放自己的那个人，是赵晨。她抱着他，久久不愿松手。

第四辑
世界上最亲爱的人

/ 打开记忆的闸门 /

十年了,叶子终于鼓起勇气踏上开往故乡的火车。

青山延绵,绿水环绕,熟悉的味道扑面而来,每一个毛孔都浸润在潮湿的空气里,舒展自如。罗家坪,一个不起眼的川南小乡村,令她魂牵梦绕了十年。

老屋的钥匙擦得锃亮,叶子不用眼睛,凭着手感便轻易从裤兜里分辨出哪一把能打开大门。是啊,它跟着叶子,也有十几年了。十几年的时光,叶子跟这把钥匙成了最熟悉的老朋友,握着它,就如握住那渐渐远去的童年岁月。

嘎吱一声,沉重的木门推向两侧,夕阳斜斜地照进来,映着堂屋正中一张放大的黑白照片。照片上的人是叶子的外婆,瘦削的双颊高耸着,嘴角费力上扬,挤出叶子最熟悉的笑容。

叶子以为,十年一见,她定会哭红了眼睛,将这些年的思念愁苦统统倒出来。而真的见到外婆的遗容,她却一滴眼泪都掉不下来。是呢,外婆这么疼她,她怎么舍得让外婆看见自己伤心难过。

人生最大的悲哀,子欲养而亲不待。

外婆，你为什么不等等我？你不是说要等我成家立业，要听我的孩子亲切地叫您一声祖姥姥吗？

叶子轻轻擦拭相框上的灰尘，内心翻腾不息，那些早已尘封的记忆，一下子撞开了闸门，如洪水一般涌出来，令她措手不及。

/ 额外的恩赐 /

早春二月，崭新的红砖瓦房里传来一阵阵清脆的啼哭。接生阿婆抱着胖嘟嘟的小婴孩从里屋走出来，对站在门口伸长脖子满脸期待的男人笑呵呵道喜："恭喜啊，叶家老伯，你添了一个千金。"

旱烟抽了一锅又一锅的叶老爷子，将烟袋锅扔在地上，头也不回，边走边絮叨："女娃，女娃，有什么用！"

小叶子不满意刚出生就被歧视，扯开嗓子硬生生哭了两天两夜。爷爷佯装出唉声叹气的模样，劝道："孩子爸，这女娃没有入咱们叶家的福分，哭成这样，十有八九活不成。实在不行了，捡好点的衣服穿上，扔了吧。"

在那个女孩不如一头小猪贵重的年月，扔女孩是常见的事，谁都不会谴责扔孩子的人。拿不定主意的老爸和老妈，看到叶子这副哭神模样，只得连连叹气，孩子命苦！

外婆从村里人带来的口信中得知添了外孙女，搜罗整个厨房，背上鸡蛋和米面，带上亲手缝制的小衣服，走了二十多里路，气喘吁吁赶来。看到哭得满脸憋成紫色的叶子，外婆顾不上喝一口水，抱着她走了十几里路，去镇上看医生。医生说，幸好来得早，再晚半天儿，孩子保不住了。

后来，外婆总是将这件事一遍又一遍讲给小叶子听，每一次都拍着大腿感叹：幸好我来得早，要不然哪里有这么乖乖的小女娃！

每每这时，叶子学起爷爷的腔调：女娃不顶用，浪费粮食！

外婆轻轻将她搂在怀里，亲了又亲，唱起不知从哪学来的戏曲：啊呀呀，谁说女子不如男，女子也能顶半边天……

此后，当爷爷拿叶子是女娃说事时，叶子就学起外婆的样子，咿咿呀呀唱起来"谁说女子不如男"！气得爷爷跺脚大喊，狼外婆果然教不出来好东西。

叶子问外婆，为什么要对她这么好？

外婆刮刮她的小鼻子：小叶子是外婆从鬼门关拉回来的，是老天爷对外婆的额外恩赐，外婆当然把小叶子当成心肝宝贝啦。

在时常遭受爷爷打击、排挤的童年岁月，外婆，这简单的两个字，赐予了叶子此生最简单的快乐和最丰满的幸福。

/ 现世安稳，是最大的知足 /

所谓亲人，就是从出生开始就注定的渐行渐远。

小学的时候，叶子在村里念书，每个月可以去外婆家玩两天。初中，她在镇上念书，学期末才会去外婆家待几天。高中，她在县城念书，离家五十多公里，只有过年过节时才会去外婆家看看。

拿到大学录取通知书的那天，叶子顶着七月火热的太阳赶到外婆家。门大开，冷锅冷灶，她找遍屋前屋后也没发现外婆的身影。空荡荡的屋子，像寒冬里的一盆冷水，将叶子按捺不住分享喜悦的心情，彻底浇冷。

从小到大，学习成绩好、聪明乖巧、讨人喜欢，都是叶子尽力做给外婆看的。叶子只是想向外婆证明：当年她捡回来的这条小生命，会带给她无尽的荣耀和回报。

可是，等她攒足了劲拿到这纸证明，外婆并没有第一时间跟自己分享。

太阳西斜，外婆才风尘仆仆回来。叶子赌了气，不搭理外婆。外婆笑笑，在叶子跟前蹲下，摊开手心，露出一个三角形的红绸缎小包，轻轻地塞到叶紫手中。

这是当地流传的护身符，据说经过寺院主持开光，可以保平安，一生平坦无忧。

外婆居然错过第一时间得知自己考上大学的好消息，爬几座山去求一个平安符！真是愚不可及！叶子气过了头，一把将平安符扔在地上。外婆想站起来去捡，一挣扎，却一屁股坐在地上。

"就知道在我面前装可怜，服了你！"

叶子气哼哼的，伸出手一把将外婆拉起来。这一拉，她才发现，外婆轻得像一张纸，她毫不费力就能把她拉起来了。叶子伤感，时间是个无情的小偷，不经意间偷走外婆仅存的韶华，将她变成一个头发灰白的老太婆。此时，叶子才留意到，她的外婆再也不是当年那个将她救出的英雄，而是一个疾病缠身的老人。她的鼻子有些发酸，泪珠混着汗水往下掉。

外婆最看不得叶子哭，再次将护身符塞到叶子手中，"叶子，外婆知道你最有出息，外婆知道你们读书人不信护身符这个说法。外婆求这个给你，只是个意念，希望你一生都好。你安安稳稳过完一生，我就知足了。万事不强求，顺其自然就好。佛家说缘，当年我救下你，是我们祖孙俩有缘，所以你不要想着有一天给一份好大的礼来回报我。外婆只希望你，一切都好。"

从来没有读过书的外婆，居然说出这么一番大道理来。

叶子将头埋在外婆的怀里，牢牢记住这段话。她的外婆，虽不是满腹经纶的大儒，却也万事通透，看得懂这世间百态。

外婆慢慢推开叶子，神色焦急。

"外婆，怎么了？"

"咳，咳，年纪大了，忍不住了，我得赶紧去厕所。"外婆急匆匆走开。

叶子分明看到，外婆裤子的屁股那一块，已经湿哒哒一片。那一刻，她觉得自己软弱无能。没有人，能够抵挡得住时间的洗礼！

外婆越来越老，越来越需要人照顾，而她却一步步，离外婆越来越远。

外婆倒是很释然，轻轻拍了拍叶子，"每个人都要老的，没什么大不了。"

是啊，叶子也知道，生命从一开始就注定要通往死亡，可是，她怎么控制得住内心的悲伤！

夜晚来临，叶子缩在被子里，彻彻底底哭了一场。

/ 提早说再见 /

大学的时光是欢快的。最开始，叶子每个星期打一次电话给外婆，絮絮叨叨讲一些有趣的事情；后来，叶子参加了一些社团，演话剧、排舞蹈，偶尔有一两次忘记给外婆打电话；渐渐地，她已经忽略了给外婆打电话这回事。

大一很快结束，叶子在外婆家过暑假。外婆以为，一年之中，总有这么一段时间，可以好好看看这个倔强可爱的孩子。哪知，叶子待在家里的时间也很少，经常参加一些同学聚会，一大早出去，半夜才回来。

还剩几天就要开学了，叶子换好衣服，准备来一场假期里最后的狂欢。外婆拉住一脸兴奋的叶子，"叶子，如果外婆快走了，你会不会留下来陪陪我？"

"走，外婆你要去哪里？"走这个字，对叶子来说再平常不过，外婆对它却别有一番体会。

时间过去这么多年，叶子还记得外婆微笑着，云淡风轻一般将这个"走"字娓娓道来："走到我该去的地方啊。外婆老了，总有一天会永远走了，不再回来。本来我不想让你可怜我，刻意分给我几天时间陪陪我。可惜，你暑假都快结束了，没几天是在家里安分待着的。我想好好看看你呢。"

时至今日，想起这些，叶子还是忍不住自责。年少贪玩，哪里体会得到一位老人在弥留之际的点滴希求。

迈出门的脚收了回来，叶子攀住外婆的手，"外婆，你会长命百岁，会等待我结婚成家那一天，你还会看着我当妈妈呢。我可不许你这么早就走。"

"好，我就为你这句话，我一定撑到你结婚成家了再走。不过，死生有命，老天爷说不准哪天就来收我这条老命。叶子，你出去读大学，万一哪天我要走，我怕你赶不回来。我看，今天就挺好，你先跟我说再见，给我送个行吧。"

叶子不依，"哪有活得好好的，让人来提前送丧的，这不是自找晦气吗？"

外婆并不坚持，转身走进厨房。

一瞬间，又回到小时候，青烟从烟囱里冒出来，四下黑弥散。勾动馋虫的香气扑鼻而来，这是叶子最熟悉的味道，蚂蚁上树、红烧肉、剁椒鱼头。她跟儿时一样，伸长脖子等待锅盖揭开的那一刻。小时候，她总觉得外婆的双手就像神笔马良紧握的那只神笔，无论什么瓜果青菜，到外婆手中，一切一炒，就成了美味佳肴。

一顿丰盛的午饭，将叶子的心拉了回来。外婆喜滋滋地看着叶子狼吞虎咽、风卷残云，收拾好一桌子残渣冷炙，安心睡午觉。

叶子将竹床搬到堂屋一角，抱了书半躺着，懒懒翻看着。正看到动人之处，一阵痛苦的呻吟打断思绪。叶子一阵不满，谁这么讨厌，打扰人看书。循着声音走去，叶子到了外婆的房间，只见外婆一手支撑着上身，一手颤抖着在床头柜上拿药瓶，她看到叶子走进来，万分歉意："叶子，我把你吵醒了吧？实在疼得难受，忍不住叫唤出来了，我吃两片药就好了。"

叶子鼻子一酸。她被外婆的呻吟吵乱了思绪，第一反应是心烦。外婆在忍受着身体巨大痛苦的时候，看到她过来，居然不是吩咐她帮自己倒水送药，而是本能地担心叶子午休被吵醒。到底是什么样的亲情，才将人的本能生生转了个弯儿？

在药物的帮助下，外婆很快入睡。叶子退到屋外，给妈妈打电话。妈妈告诉她，外婆的病是年轻时落下的。外公去世早，为了照顾几个孩子，外婆过多透支体力，如今，身体的能量已经快燃烧到尽头。

叶子压抑着泪腺，听完电话。

外婆的一生快要走完，她能做点什么呢？她甚至不知道外婆喜欢什么样的菜，爱穿什么样的衣服。天啊，她居然对这个将自己从死神手里夺过来的人一无所知。

那，就如了外婆所愿，提早说声再见吧，尽管这一声再见意味着再也无法相见。

夕阳的金色刚从堂屋里退去，叶子将桌椅搬到院子里，摆上忙碌了一个下午才做好的饭菜。外婆从邻家串门回来，看到叶子忙前忙后能干的样子，眼睛笑得眯成一条缝，"叶子，我居然能吃上你做的饭，福气啊。"

叶子给外婆盛了一碗粥，声音颤抖："外婆，我做的饭估计不好吃。

你说让我给你送个行,我这样权当是给你送行了。"

外婆一仰头,将粥喝个干净。

叶子记得,那一晚,外婆吃撑了,连连打了几个饱嗝,还自嘲说她是个不知道饱饿的老馋猫。

/ 最爱我的那个人,不在了 /

叶子永远记得那一天,永远记得那一段人生中最灰暗的时光。不管那一天过去了多久,那天发生的事情她都将记得清清楚楚。因为,她深知,从那一天开始,这个世界上,最最爱她的那个人已经不在了。

那一年的那一天,原本是叶子最开心的一天。

那天,已经是大学二年级学生的叶子,终于赢得心仪学长的爱情,两人约在学校的小饭馆吃饭。一滴菜汁洒在学长的手背上,叶子体贴地帮他擦拭,趁机拉住了学长的手,心扑通扑通跳得厉害。就在这时,手机不合时宜响起来。妈妈打来电话,声音哽咽沙哑:"叶子,你听我说,就在刚才,你外婆走了。叶子,乖,不要哭。"

叶子机械地"哦"了一声,算是回应。心,像滑进无底深渊,黑暗无光。她无比镇定,催促学长,"快点吃饭,我一会儿有要紧事要办。"

不能在饭馆里大哭,她要挑一个地方狠狠释放。

学长神情诧异,两三口解决掉一碗米饭。叶子掏出钱,没等老板找零,拉着学长一口气跑进饭馆后面的松树林,一屁股坐地上,放声大哭。她从来没有像此刻这样深深体会到悲伤这两个字的力量,心里像凭空冒出来一个洞,不管怎么哭,这个洞都无法填平。

跟班主任请了几天假,坐了火车再坐汽车,到镇上已是深夜,叶子顶着满天星光火速奔向外婆家。外婆神情安详,眼角似乎挂着微笑。如果不是亲眼见到,叶子不愿意相信,她最亲爱的外婆已经不在人世。

按照老家的风俗,叶子是外孙女,不必守夜烧火纸。叶子却硬撑着守了两个整夜。她知道,或早或晚,身边的亲人都会离开自己,但她却始终不想知道更不愿意相信,安安静静毫无声息躺在床上的人,是外婆。对,那个离开的人,不是外婆,是她的一个远房亲戚。外婆,最爱自己的外婆,怎么舍得离开?

外婆入土为安,叶子回到学校。还有一个月就是学期考试,叶子天天逃课,躺在床上,盯着天花板流——节哀!

可是,那些前来劝她的人,谁经历过这样如彻骨之痛的生离死别!哀,若能节制,那什么又是哀!

叶子烦透了这些大道理,对着前来劝她的那些同学吼道:"我就是想痛痛快快哭几场,我就是想彻彻底底伤心一次,难道也不可以吗?谁都不要劝我,谁再劝,我跟谁绝交!"

冥顽不灵,没有人再来劝慰。

叶子给自己定了一个期限,一个月。用一个月的时间,想哭就哭,完全淹没在悲伤里。那段日子,她总是做梦。梦见小时候,被爷爷训斥,穿着一身泥污的衣服蹲坐在锁了门的台阶上哭。每每这时，外婆走过来，柔声劝道，"叶子不哭，起来，有外婆呢"，可是，她一抬头，看见外婆穿着崭新的衣服，猛然意识到外婆已经不在人世了，放声大哭起来。伸手一抓，笑眯眯的外婆已经变成一团白云飘走。总在这个时候，叶子醒过来，发现枕头已经被泪水打湿。

一个月的期限到了，叶子认认真真洗了一次脸，捏捏嘴角，努力挤出一张笑脸：叶子，最爱你的人已经去了，现在，要学会爱自己！

/ 延续，是最好的纪念 /

月光如洗，叶子拧开旧钢笔帽，蘸了墨水，在笔记本上涂写出几行字：我想，在我们一生的成长经历中，总会有这样的一个人或者几个人，成为我们思想和行动的引路人或者永远的灯塔。在我的心中，这个人是外婆。

时间飞转，弹指一挥间，十年过去，叶子从不谙世事的少女成为精明干练的家庭主妇。她觉得，冥冥之中，似乎有一股神秘的牵引，让她的行事气度，跟外婆越来越靠近。

明明她最不喜欢做饭，而今油盐酱醋锅碗瓢盆，样样用得得心应手。明明她最讨厌一脸贤惠传统妇女的模样，而今她勤俭持家，上孝公婆，下育儿女。每每遇到生活中的波折，叶子总想起外婆显露出的坚毅模样，一咬牙就硬撑过去了。

如果不是翻看到钱包里已经破旧的红绸布护身符，叶子依然认为外婆还在老家，弯着腰，伸长了脖子张望，等待着风尘仆仆的自己。是的，只要不回老家，不看到蒿草掩没的坟头，叶子就敢坚定地骗自己：外婆一直都在！

妈妈打电话来说，人的一生有多少个十年，也许还数不过两只手呢！叶子，难道你忍心看着爸妈渐渐老去，不再相见吗？回家看看吧。

叶子分明听出来，妈妈撒娇一般的声音里，藏着不易觉察的哀伤。

收拾好行囊，一如当年，叶子火速奔向日夜牵挂的外婆家。

十年，旧貌已经换新颜。记忆深处熟悉的乡间泥路，已经变成平坦大道。外婆家的老房子已经被一座座洋房围起来。妈妈说，知道叶子跟外婆的感情最深，所以一直保留着外婆住过的老房子，给叶子留个念想。

擦干净外婆的遗照，端端正正放在堂屋，叶子拿起锄头，走过齐腰深的荒草丛，来到外婆的坟头。多年不干农活，叶子费力铲平墓地四周的杂草，手掌磨出几个血泡。外婆最爱整整齐齐的样子，怎么能让这些杂草肆意缠困！

太阳的余晖渐渐散去，金黄色的月亮从山的另一头升起来。微风拂过，像有人在呢喃低语。叶子坐在外婆坟头的石阶上，终于释怀。最爱她的外婆，早已去了另一个世界。

妈妈拿着手电来找叶子，亲密地攀着叶子的手一起下山。

"叶子，你越来越像你外婆了，干活的样子、走路的姿势，都特别像。"

"是吗？妈，我想带孩子回家长住一段时间。以后，我会常来。"叶子拢了拢妈妈散开的头发，淡淡地说。外婆已经远去，她不能任由悲伤泛滥从而错过当下的温情。

木木芙蓉花，山中发红萼。涧户寂无人，纷纷开且落！

叶子想，让外婆永远住在心里吧，就如一株深山里的芙蓉花，静静开放，悄然萎谢，年复一年，经久不衰。

第五辑
我生君未生，君生我已老

/ 枯树发新芽 /

白朗总会想起遇见年小鱼的那个下午。

人事专员机械呆板地喊了一声"下一位",年小鱼推门而入,落落大方端坐在他对面。那时,他就发现,年小鱼两道弯弯的柳叶眉下,住着一双忽闪忽闪的大眼睛,如一汪清泉,澄澈干净。好吧,就是她了。白朗决定改改一贯挑剔的作风,录用毫无工作经验刚刚大学毕业的年小鱼担任自己的助理。

"谢谢!"得知录用消息,年小鱼对着白朗点头致谢,轻轻转身,轻轻带上办公室的门。

是个轻手轻脚的姑娘呢!白朗的嘴边掠过一丝满意的微笑,他一向相信自己的眼光。

不止是个有灵气的姑娘这么简单吧?

老板似笑非笑盯着白朗,"分明是你的第二春要到了。啊哈,不对,准确点说,是你的第一春。你以前发过春吗,哈哈,我怎么一点也不记得!"

年过四十的白朗,生命中也出现过不少形形色色的女人。只是,她们,很难让他动心。流浪过几张双人床,换过几次信仰,终没有义无反顾走进爱情殿堂。时间久了，他觉得自己像一段横陈在大河底部的老枯树。尽管身边有柔软的水草来回摇曳，有色彩斑斓的鱼儿游来游去，但他这截枯树，已经被冰冷的河水泡得腐烂，再也无力拥抱任何鲜活的生命。

白朗无奈，敲敲电脑，"我要开工干活了！"老板收起意犹未尽的调侃，慢悠悠将年小鱼的简历放在桌上。

年小鱼，一个再普通不过的名字，它的主人却朝气蓬勃，如每天清晨将黑暗驱逐的太阳。一遍又一遍，白朗默念着年小鱼的名字，眼前恍然出现那一双扑闪的大眼睛。

他开始认同老板的话，是呢，枯树发新芽。他这截老枯木，也许被这条小鱼触动了。

/ 你的年小鱼 /

年小鱼捧了一盆开得正旺的瓜叶菊来上班，高跟鞋踩着地面，清脆悦耳。白朗腾出办公室一角，安顿好年小鱼。

"小年，从今天起，你就正式成为我的打杂工。第一个月，有什么不懂的，尽管问。一个月之后，我再也不会花时间跟你废话。"这是白朗的规矩，每一任助理，他都给一个月试用期。一个月之后，能走能留，就看个人本事。年小鱼之前，就没有人熬过一个月！

　　白朗的助理，是名副其实的打杂工。上到公司决策的拟定，下到一盒订书钉的采购，公司的方方面面、大大小小都要处理到位。不单要勤快麻利，还要八面玲珑！

　　年小鱼很努力，每天的日程安排密密麻麻，写满了记事本。

　　白朗喜欢看着她忙得团团转的样子，走路带着风，说话细声细气。他的眼光不错，大家对年小鱼的评价很高，说是有史以来，白总挑选到的最能干女助理。有好事者，将那个"女"字念得拖声遥遥！老板提醒白朗，你的年小鱼太厉害了，小心底下人吃不消，太勤快未免让有些懒人受不了，工作嘛，有松有弛才好。

　　他眼睛一翻，"小鱼儿会慢慢混开的，年轻人嘛，干劲足，是好事。什么叫我的年小鱼，哼哼。"

　　老板眼里腾起一团暧昧的雾气，"公司上下，都这么说。她是你的助理，当然是你的年小鱼，难不成还有别的意思！你干吗这么激动，不打自招啊？"

　　有这么明显？

　　白朗自以为是掩藏情绪的高手。哪里知道，他那道一直追索年小鱼的目光，已经将满腔心思出卖。八卦不胫而走，白朗完全不用搭理那些喜欢将是是非非添油加醋不断翻炒的舌头。甚至，他心里还有一丝不怀好意的期待：年小鱼会怎么看待这些飞短流长呢？

　　可惜，年小鱼似乎从来不带耳朵，或者耳朵开启了屏蔽功能。她对这些八卦一丁点儿感觉也没有。

　　太不正常了。白朗想，好歹自己算她的直接领导，这么勤快机灵一女孩，被那些长舌妇欺负着，自己又是八卦主角之一，有必要问问她心里的感受。要不然，憋坏了怎么办。

哎呀，真的太不正常了。白朗被自己的想法吓了一跳，什么时候开始，变得这么婆婆妈妈？他可不像知心大叔。

白朗不知道，他内心打结眉头紧皱的样子，已经被年小鱼敏捷的大眼睛捕捉到了。

"白总，你是不是想问问，我对最近公司里的那些传言有没有什么想法？"他没料到，这个看上去挺文静的小姑娘倒是很直接。干净利落、开门见山，跟他的行事风格挺合拍。

"嗯，是啊。你一点也没受到影响吗？"白朗问起来居然有点畏首畏尾的感觉。有没有搞错，自己又不是谣言的始作俑者，干吗心虚！他皱起眉头，装出一副领导关怀下属的正直模样。

"要听真话吗？"

"当然。"

"新人被老人修理，是大部分公司的基础功课吧。这些谣言，大概是因为我表现得太能干了，跟我是谁的年小鱼没有什么关系。所以，白总，你也不必放在心上。我没事，谢谢你关心。"

年小鱼想得很通透，白朗觉得自己有点关心过头了，甚至有点自作多情。

"你能看得开，自然是好。公司人多嘴杂，以后做事别锋芒太露。"他还是不太放心，老板讲的话也对。这么大的公司，就是一个复杂的小社会，不可能因为一个小丫头片子，开罪了为公司效力多年的老骨干。虽然，这些人已经配不上骨干这个词。

年小鱼淡淡一笑，"白总，我自有分寸。你也不希望你的年小鱼太逊了吧。"

说罢，她抱起一大摞文件，准备分发到各部门。

"你的年小鱼"，白朗念着这个词，反反复复。她是什么意思呢？

不过，这个大眼睛忽闪忽闪的小女孩，看上去不像他想象中的那么不堪一击。白朗心底好不容易上升起来的保护欲，被年小鱼淡淡的微笑和一通嘲讽，快速隐匿了踪迹。

/ 君生我未生，我生君已老 /

年小鱼的QQ空间分享了一篇文章——《君生我未生，我生君已老》。白朗一看标题，就知道这是一个特别哀伤的忘年恋故事，非常适合用来博取小女生的同情。

被工程师哲野收养长大的女孩陶天，渐渐爱上哲野。无奈，哲野已经到了癌症晚期，即使跨过年纪的鸿沟，也跨不过生死的界限。陶天陪哲野走过生命里最后一段岁月，收拾哲野的遗物时发现一只古朴的陶罐，上面留有寥寥几行字：君生我未生，我生君已老。恨不生同时，日日同君好。

故事情节简单老套，并不能打动白朗，他的感情世界已经被冷酷的现实遮盖，再也不会轻易感动。很多人，打着爱情的旗号，已经将它变成肉体与金钱的合法交易。

能牵动神经的，是那四句简单而深情的诗。

白朗知道，这组诗还有几句：

我生君未生，君生我已老。我离君天涯，君隔我海角。

我生君未生，君生我已老。化蝶去寻花，夜夜栖芳草。

年小鱼知道这首诗的全部吗？她转这篇文章，应当是被故事感染了吧？白朗靠在椅背上，两腿高举，在书桌上伸展开来。杯中红酒摇曳，醇香的气息中，弥散着孤独。

君生我已老。

是啊，就算他跟年小鱼之间能有什么，也会如这首诗，难有花好月圆的结局。

老板曾跟他调侃，这个社会是怎么了，妹子们要么爱颜值爆表的正太，要么爱胡子拉碴的大叔。当时，他冷静地分析，爱正太完全出于爱美之心作祟，爱大叔则因为女人越来越现实，她们爱的大叔绝对是已经事业有成、成熟稳重的男人。

那，年小鱼，会是一个大叔控吗？

如果是，他跟她之间到底有多少可能？

就算成为可能，45岁的白朗，匹配22岁的年小鱼，他们能携手走过几年？谁能保证，渐渐老去的他，不会成为越发成熟貌美的年小鱼的拖累？

男人，就是这么一种现实的动物，如果想对一个人负责，在一开始，就会预见结局。

白朗坐累了，他上床躺下，他对自己的这一禀性无可奈何，裹着被子翻来覆去，越想睡却越清醒。

/ 在错的时间遇上对的人 /

老板安排，白朗带着年小鱼出差一周。

他原本可以推掉这趟出差，但又期待有时间跟年小鱼独处。一个纠结的老男人！白朗暗暗鄙视自己。

目的地——希尔顿酒店。

年小鱼半睁眼睛，靠在大厅的沙发上等白朗。她看看富丽堂皇的酒店大厅，再低头看看脚上还不足两百块钱的运动鞋，有些局促。

白朗笑笑，"走吧，晚宴在即，我们去弄一身行头打扮打扮，别给我们家大BOSS丢脸。这一次可是来替老板领奖，他最要面子！"

年小鱼对名牌一向不太感冒。刚刚参加工作，兜里并没有多少钱用来挥霍。一听到导购报价，立马摇头。白朗看懂了年小鱼的顾虑，大方掏出银行卡递给导购，"就她刚刚换下来的这身，包起来。"

"老板派你来，服装费他出。"白朗圆谎解释，希望年小鱼可以心安。

范思哲连衣裙，百丽高跟鞋，香奈儿5号香水。

"女人真是费钱！"年小鱼看着价格签，连连咋舌。

"上帝让女人拥有曼妙的身材，自然要选择最好的材质加以修饰，这样才称得上锦上添花嘛。再说了，花的是老板的钱，你可别肉疼。"白朗说着这番话，心里却在挣扎，自己这样做，算不算用金钱拉拢腐蚀？

"我是心在滴血！"

"老板是周扒皮，现在买的这些，算是对你平时认真工作的奖励！"白朗骂自己一句，太能抬高别人贬低自己了吧，老板要是知道这话，还不得跳起脚儿来跟自己对骂！

年小鱼不再坚持。

白朗这次出差，主要是代替老板参加业内颁奖晚宴，公司去年业绩突出，行业协会授予年度十佳企业勋章。虽然白朗认为，这场晚宴无关紧要，去不去都无所谓。但老板看得挺重，要求他务必颁奖之后再开溜。

未曾想，当年小鱼穿着他挑选的衣服和鞋子出现在晚宴门口时，他的眼睛再也挪不开了。

那一刻，年小鱼如同一朵徐徐盛开的水中莲花，娇羞、柔美！

白朗主动担起护花使者的重任，帮年小鱼挡酒。一杯又一杯，他酒量不佳，数杯之后，醉得不分东南西北，不知道最后如何离场的。

半夜醒来，头疼得厉害，按开床头灯，白朗发现年小鱼倒在沙发上睡着了。他轻轻下床，想将年小鱼移到床上来，自己去沙发上凑合。正要抬起那段嫩白的手臂时，看到年小鱼的手机屏幕亮了一下，有人在微博下留言，是一个发问的表情。仔细一看，似乎是晚宴结束时分年小鱼新发的微博。内容是他特别熟悉的一句话：在错的时间遇上对的人。

白朗怔住了，年小鱼说的那个人，是自己吗？

/ 爱，不一定要拥有 /

年小鱼醒过来，正对上白朗盯着手机发愣的瞬间。

"白总，那个，我看你醉得厉害，所以自作主张到你房间来照应一下，那，这个，我先回去了，不打扰你休息了。"年小鱼说得结结巴巴，一向利落的舌头突然打结了。

"好吧，谢谢你！"

门轻轻关上了，白朗心里吃了蜜一般甜腻。

年小鱼的那条微博！发的时间是晚宴结束时，而这几天在她身边的人只有自己，那她说的那个对的人，应该是自己。什么叫应该，肯定是说的自己！

可是，得到印证又有什么意义！白朗原本就不打算开始这一段感情。如果真到了非要选择伴侣的时候，他会找一位成熟大方、深谙生活哲学的中年女性。年小鱼太年轻、太美好，远远看着就心满意足了。

白朗从来不认为自己是情圣，但他深信：爱一个人，不一定要拥有！

腾起的情感被现实的冷水浇灭，白朗拿起手机，想再看看年小鱼的微博。

电话响了，那一头，年小鱼低声试探："白总，问你一个私人问题，好吗?"

"嗯,说吧。"

"我喜欢一个人,他年纪大我很多。我想向他告白,不知道结果会怎么样?"年小鱼终于有了捅开窗户纸的打算。

"你有没有想过,你们在一起,会是什么样的日子?"

"哦,这个……"

"让我告诉你。在你最美最年轻的时候,你没有时间出去游玩、逛街、参加聚会,你的时间要用来照顾躺在床上的老头子。或许,你们会有孩子,但更大的可能性,是你照顾他幸福走过晚年后,又要独自承担养育子女的重任。小年,你认真想想,这就是你想要的爱情或者婚姻吗?"

也许现实没有这么惨。白朗想,他必须揭开美好背后满目疮痍的伤疤,才能将年小鱼的爱情幻想击退。可能这个过程有点疼,但年小鱼值得找到跟她情投意合的同龄人,开始一场双方年纪匹配的爱情。

年小鱼沉默许久,终于挂断电话,敲开白朗的房门。

"白总,你这个人怎么这么现实,现实到让人后背发凉?"年小鱼一脸不满,难以掩饰内心的失望。

暖暖的灯光下,陷在沙发里年轻可爱的年小鱼,真是一幅俏皮的画。唉,要是时间可以定格就好了,白朗一点也不愿意拒绝年小鱼。可惜,她的青春,他受用不起。

"我又不是鬼,怎么让你后背发凉!"

"我一直觉得爱情可以战胜一切,白总,你心里一点也不相信爱情吗?"

白朗坐到年小鱼对面,直直地看着那双扑闪的大眼睛:"以前相信,现在也相信,未来还会相信。只是,爱情从来也不相信我。小年,你会遇到你的真命天子，就算他不会踏着七彩云朵而来，也不是什么盖世大英雄。但在你的心中，他就是唯一，就是一切。你现在喜欢的，只是小女孩得不到糖果的感觉，是雾里看花的朦胧。相信我，耐心等待，最适合你的那个人，会在最合适的时机出现。"

年小鱼脸上，眼泪无声滑落。她辩不过口若悬河的白朗，转身离去。

就这样，结束了？

白朗的心，分明痛得厉害。只要他敲开年小鱼的房门，只要他说出爱的心声，他确定，年小鱼终会成为自己身边快乐的小鱼儿。

已经走到门口，白朗又靠着门停下来。不是跟自己商量好了吗，不要将她牵扯到自己的生活中来，远远看着就好！

/ 亲爱的，再见 /

出差回来，白朗请了一个礼拜的假。

再回到公司时，老板拍拍他的背，"怎么搞的，让你泡妞，你把妞吓跑！"白朗有种不好的预感，他的年小鱼已经彻底从身边游走了。

"年小鱼辞职了。唉，让我说你什么好！"老板一脸落寞，好像失恋的人是他自己。

白朗不置可否地笑笑。他没想到,看上去文弱的年小鱼,干脆利落至此。走了也好,不是吗?不再相见,才能迅速从这感情的泥沼中走出来。

那一天,白朗心不在焉,叫了好几遍小年。直到看见办公室一角的桌子上,空空荡荡,他才回过神来。哦,年小鱼,她已经悄悄游走了。

晚上,白朗忙了一桌子饭。很久没有下厨,菜的味道可想而知,咸的太咸,甜的太甜。他倒十分满意,吃个精光,将杯碟碗筷往洗碗池一扔,靠在沙发上继续喝酒。胃撑得难受,不过心里好像充实了一点。

电视剧里,女人失恋了就去大吃一顿,看来这个方法不错。白朗打算用胡吃海喝的办法,来填补心里的空缺。

半夜,酒醒口渴,他硬着头皮从暖和的被窝里爬起来倒水喝,看见手机里有一条短信:

君生我未生,我生君已老。君恨我生迟,我恨君生早。
君生我未生,我生君已老,恨不生同时,日日与君好。
亲爱的老白,再见了!

——你的年小鱼

白朗记得,他一生中鲜少流泪。那一晚,他握着手机,泪水溢出眼眶,顺着眼角打湿两侧头发。

那一段时间,白朗工作很卖力,经常主动加班到深夜。老板害怕他出事,前前后后组织了好几场相亲宴。他去了总是埋头狂吃,将对方晾在一旁。那些人,他一个也没看上,就算看上了,心里装满了年小鱼,再也没有位置留给别人了。

后来，白朗告诉老板，别再给他张罗对象的事情了。相亲的事，终于告一段落。

时间又这么晃了几年，白朗还是老样子，除了工作就是做饭，只不过，厨艺越发精湛。

一天，老板说要来蹭饭，白朗一看冰箱里空空如也，赶紧到超市采购。路上堵车，右边车道上的一支迎亲车队焦躁不安直按喇叭。白朗觉得吵，摇下车窗正要提醒对方司机。西装笔挺的新郎热情地递过来一支喜烟，抱歉一笑，"不好意思，我跟弟兄们说了，他们不会再按喇叭了。大喜的日子，好事多磨嘛！来，抽根烟消磨时间！"

白朗一摆手，"谢谢，我不抽烟！祝你们夫妻白头偕老，早生贵子！"

新郎识趣地缩回手，正要说话。一个熟悉的女音轻轻飘来，"老公，绿灯了，我们走吧！"

是她！白朗分明看见，婚车后排坐着的新娘，有一双他再也熟悉不过的大眼睛。

饭做得很糟糕，味道跟年小鱼离开的那一晚，一模一样。

老板没有动筷子，看着吃得正欢的白朗，"怪事，你今天撞邪了！"

"我看见年小鱼了，她结婚了。"白朗终于扫光所有餐盘，停了下来。

"是时候说再见了，老兄！"老板点起一根烟，故作深沉。

那个年轻的男人，长得一表人才，说话谦虚知趣，应该配得上年小鱼。好吧，亲爱的年小鱼，再见！希望真的再次相见时，你脸上溢满了幸福的笑容。

白朗的心狠狠地疼了一下。只是，他知道，以后不会再有这般心疼的感觉了。

第六辑
两只爬上葡萄藤的
蜗牛

/ 一本正经的女"色狼" /

沈天一挽起袖子拧水龙头的样子真是太有男人味儿了!现在这年头,伪娘横行,有担当的男人越来越少,纯爷们儿基本绝种。所以,沈天一这一款,应该送到动物园作为高级动物加以重点保护。

"哎呀,扳手,把扳手递给我!你家这灶台,多久没打理了!唉!"高声叫嚷的沈天一真会挑时候扫人兴致。

我捡起扳手递给他,"哎呀,我是今天才发现,你不说话光干活的时候,挺帅!"

"废话!我说话的时候,不也很帅吗!"沈天一头也不抬,终于修好了水龙头。

话说,男人天生就适合干这种修修补补的活儿。我忍受了半个月的水龙头滴水问题,终于解决了,能省不少水费呢!更重要的是,不用再听合租女孩祥林嫂一般念叨,浪费水呀浪费水!

还没乐呵够,沈天一就凑过来邀功,"帮你修好水龙头,怎么谢我?"

谢你,以身相许,中不?

这话我只能放在心里,说出去还不得把他吓死。好歹我名义上还有一个男朋友许飞。脚踏两只船这种事,沈天一这样三观端正的好孩子恐怕从来都没有想过!

蜀王火锅。

沈天一把凉拌猪心往我碗里送,"都说吃啥补啥,你啊,姑娘,长点心吧!"

还能不能让我做一个安静的吃货了!真是的,这么多菜都堵不住沈天一那张破嘴。再说了,我哪有一开始就能预见结局这种超能力!我要是一早知道,许飞这货就是个蹭吃蹭喝死皮赖脸的白眼狼,哪里会傻到冒泡、答应当他女朋友。唉!

"下次,我会注意的,谢谢你提醒!"我赶紧消灭掉那盆让我恨得牙痒痒的凉拌猪心,免得沈天一借题发挥。

撑到肚皮快要裂了,沈天一嘲笑我,每次都是这样,已经达到了吃火锅的最高境界——扶着墙进去再扶着墙出来。在他眼中,我就是一个彻头彻尾的俗人呗。反正已经被他彻底定性,我也不想翻案平反,我能吃,我乐意!一般女孩敢像我这样吗?哼!瘦子骨头咯人,胖子又审美痛苦。像我这样,胖瘦适宜的,刚刚好!

被沈天一拉去逛街消食,我俩成了逛街男女反串版。沈天一逛得津津有味,一家店接一家店,而我走到腿脚发软,直接把自己扔在店门口的沙发上苦等。

精挑细选,沈天一终于看中了一套西装。

当他从换衣间出来,好吧,我承认,我两眼发直的花痴样子有点丢人。

"喂,色狼,醒醒,给点实在意见!"沈天一居然点了点我的眉头,要是他的手指再多停留一秒,我估计已经彻底触电阵亡!

"切,你见过我这样一本正经的女色狼吗?再说了,就你这小身板儿,我从小看到大,有啥好稀奇,不过是衣服好看,衬托了你!"我得赶紧为自己洗白。不然,在沈天一心里,我就是一个傻头傻脑的女花痴,还有什么心动价值!

沈天一包了衣服出来,嘲笑瘫倒在座椅上的我,"如果你想当一本正经女色狼,起码也得给我来一个特别挑逗的表情吧,不然怎么勾得住男人的魂儿?"

要不是得留着劲儿陪他瞎逛,我非得狠揍他一顿!

/ 乱麻太多,刀不够快 /

已经一个多月不见的许飞,终于回来了。

凭什么,一句话也说,倒头就睡。他凭什么这样肆意妄为!是我一直以来患得患失让他毫无忌惮?还是他早已做好鱼死网破、不欢而散的准备?

可是,凭什么,这是我家,他还敢睡得这么踏实?

我心里咆哮着,却想不起一个实用的打击办法。

到门外打电话给沈天一,声音小得像蚊子:"那个,许飞回来了,我该怎么办?"

沈天一的声音听着很不耐烦,"怎么办,一刀两断!"

"可是,他睡着了,我怎么说?"

"谭薇薇,你是不是脑子进水了?你还让他进门?你那个家,对他来讲,就是一免费旅馆。每次来吃饱喝足就闪人,对了,还顺带揩油占你便宜吧?你还嫌自己被他压榨得不够吗?得了,你那儿对他来说,连旅馆都不是,整个一钟点房!就这样,你还能忍?"

沈天一的口才,居然这么了得,我忽然有了底气。去跟许飞摊牌,赶紧麻利儿地从我眼前滚蛋!

偷偷溜进屋,许飞已经坐起来,一副身临现场抓奸的得意样儿:"又是给跟沈天一打电话吧?你这个发小,是不是对你有点意思?要是有,别藏着,明着来,告诉他,我等着!"

又来了,那副让人无比厌烦的无赖样子!我当初要么是猪油蒙了心,要么是天黑瞎了眼,怎么会跟这样的人交往。他居然好意思恶人先告状。

等等,沈天一不是说一刀两断吗,好,我今天就要跟许飞断个干净!

"是又怎么样,不是又怎么样?沈天一关你什么事。许飞,我告诉你,你这冒牌女朋友,我还不想当了我!"

说出来,好像也不是那么难。分手,是早晚的事,早一天解脱,就少一天痛苦。

许飞把我养在阳台上的一盆葡萄苗端了进来,指桑骂槐:"你看这葡萄苗,你养了多久,才长这么高一截。可笑的是,底下居然有两只蜗牛想爬上来,真是傻得可爱又可敬。你说,就算费力爬上来,它们能吃到葡萄吗?谭薇薇!所以,你以为离开我,就能跟沈天一来个幸福结局吗?你做梦!分手,我不答应!哈哈!"

门一摔，许飞拎着包走了。

我的第一反应，居然是看看葡萄苗上是不是真的有两只蜗牛。我肯定是脑子坏了！

检查了一下，许飞已经把他送给我的东西统统带走了，连一个十块钱的热水袋都没放过。

什么时候，分手要这样算计？

如果许飞果断干脆答应，我一点也不觉得难过。这是一场错误的感情，早早结束，对谁都好。可惜，他就拿准了我不想跟他耍无赖扯皮的心理，让我一记重拳捶在棉花上。

我的刀不够快，这团乱麻太乱，我该怎么办？

沈天一火速赶来。真是出乎意料，他居然没有骂我。

"我的葡萄苗上有两只蜗牛，许飞说它们傻得可爱又可敬。"喝着沈天一带来的热咖啡，我将许飞的话转述出来给她听，但我没告诉沈天一，许飞说我离开他，并不会跟沈天一有幸福结局。

"脑子又不好使了你！我们干点正事吧。我说过的，快刀斩乱麻！"沈天一拿了拖把进来，"分手这种事，只要一个人同意就可以，没必要双方达成一致。再说了，许飞那个人渣真的当你是女朋友吗？我们现在彻底将他的气息扫地出门。"

说的也是！

我翻箱倒柜，将许飞的衣服等授罗出来，扔进垃圾桶。

沈天一真是个干家务的能手，在他的打理下，灰蒙蒙的窗户立刻洁净明亮，地板亮得能当镜子照。

哎呀，专心致志做家务的沈天一，真的太帅了！找男友，就该找这一款的！真是追悔莫及啊，肠子悔青！可惜，当初走错路从了许飞。沈天一，我只能雾里看花，眼巴巴看着而已！

换了新锁，沈天一夺过我的手机，给许飞打了一个电话，"是我，沈天一，以后，薇薇跟你已经分手了，你有种就拿出男人样子来，别来继续纠缠混吃混喝！"没等许飞说话，他挂断电话，删掉手机里所有许飞的短信和照片。

沈天一，你是不是粗暴专横得有点过分了！

我像被农夫救活的蛇，对沈天一的帮助，居然有点埋怨。

/ 泄恨是帮助遗忘的最佳方式 /

也许是沈天一的警告起了作用，许飞再也没有来骚扰我。

但，人有时候就是会犯贱。尤其是被回忆击中时，会误以为美好的过往能够一直延伸到看不清楚的未来。

许飞再坏，也不过是拿我当饭票。至少，最初，我跟他，还有过一段真挚的感情。

那时，许飞经常接我下班。每次来，都捧着亲手煮的豆浆。他说，女人喝豆浆，对身体好。他说，愿意这么看着我大口大口喝光他煮的豆浆。

他还说，会煮一辈子的豆浆给我喝。

现在想想，许飞算是最了解我这种被独立思想包装过的女孩，不容易被物质迷惑，太容易被点滴温暖打动。

好景不长，美好的喝豆浆时光，好像持续不到一个月。许飞升职了，从基层的业务员升为区域经理。我不太懂做业务这一行，许飞说他的开销很大，又许诺说以后的收入更高。我心疼他四处奔波，提早进入贤妻良母角色。每次他出差归来，都会有干净的替换衣物、可口的饭菜。时间一长，许飞越来越忙，越来越没有时间主动跟我联系。渐渐地，我也不主动打电话给他。渐渐地，他越来越陌生，油嘴滑舌到令我害怕。

我突然想起《裸婚时代》里，刘易阳说，细节打败爱情。我跟许飞的爱情，也许是被某些藏起来的细节打败了吧。

沈天一敲开门，简单粗暴地打断了我的爱情悼念。他说，要带我去一个地方，那里可以治愈这段失败感情带来的后遗症。

我来不及细想，跟着沈天一直奔新天地购物中心。

原来，许飞已经再觅新欢。两人正在一家店里试穿情侣装，俨然亲密爱人。

沈天一捏了捏拳头，"薇薇，我们给许飞的新生活来点颜色，看看到底能开多大的染坊！"

好主意！

可是该怎么做呢？关键时刻，得靠创意！我这种榆木脑袋，对打击报复行为一向缺乏新意。

沈天一拍拍我的脑门，"薇薇，你直接走进去，千娇百媚对许飞说，亲爱的，人家好想你，今天晚上来我家吧！"

算了，这种妖艳里夹杂深情、风尘中隐含哀怨的戏码，我学不来。我想了想菜市场极易见到的双手叉腰、出口成脏的大妈，决定本色演出。

"许飞，好久不见。这是你的新女友吗，嗯，比前面几个都长得好看。对了，你欠我的五万块钱，什么时候还啊？还有，小丽跟我说，她怀孕了，好像是你的孩子。那个，你先忙，回头记得还钱给我。卡号什么的，不要问我，你以前刷得爽快，应该记得比我还清楚吧。"

一口气说完，我刚走出店，沈天一拉我跑到一旁，哈哈大笑。

"谭薇薇，厉害！"

"有你这样现成的毒舌师傅，我当然不差！"

隔着玻璃，我和沈天一看到，许飞那漂亮的女伴，给了他一个响亮的耳光，转身就离开了。

终于出了一口恶气！

"怎么样，不再纠结过去那美好回忆了吧？一段糟糕的爱情，起码还有个美好的开始，你也算赚了。从今往后，把许飞这个人，彻底从生活里开除，薇薇，你值得遇见更好的。"

分手那么久，我都没掉过一滴泪。沈天一的这番话，却令我鼻子一酸。

哭了一会儿，感觉好多了。

沈天一故意捶捶肩膀，摆出一脸无奈样："看来，泄恨有助于遗忘。薇薇，今天这事，怎么谢我！怎么样，那个新来的啤酒屋，走起！"

"滚蛋！我才撵走一个蹭吃蹭喝的，怎么又来一个！"

我没敢说出剩下的那句话，沈天一，被你蹭吃蹭喝，我心甘情愿！

/ 吃醋有益身心健康 /

沈天一发了一条微博：可喜可贺，终于被爱情收留！配图是一位长发飘飘的女孩，模样秀丽。

他恋爱了？

什么时候的事，我居然一无所知。

想打电话问问，好像有些唐突。是啊，孤家寡人的沈天一，我还可以时不时打扰；已经陷入爱情的沈天一，我可惹不起。万一他那位，把我当成假想敌，我跟他之间，兴许连朋友也做不成了。

我想编一个好的理由套近乎，既不让沈天一的女朋友讨嫌，又能满足八卦的心理，瞧一瞧他的真爱是何方神圣。编这样万全的理由，真让人伤脑筋。

沈天一打电话通知聚餐，说要重点介绍一个人跟我认识。哼，重点介绍！她到底有多重！我心底泛酸，唉！谭薇薇呀，谭薇薇，有道是该出手时就出手。从小到大，二十几年的时间，你那贼手都不伸一下，光有贼胆，管用吗！现在，上哪儿去买后悔药！

我准备精心打扮一番，隆重登场。但转念一想，现在是人家沈天一的秀恩爱时间，我最好穿得越普通越好，安安分分扮演绿叶角色，免得惹人嫌。

当天，沈天一拉着他的女友林玲四处炫耀。与其说林玲是他女朋友，不如说是他用来撑门面的某种贵重装饰。我缩在一角，跟邻座的一个男生频频碰杯。不晓得喝了多少杯下去，反正每一口都像在喝醋，五脏六腑都被浓浓的醋味泡酸了。

不知好歹的沈天一，硬拉着林玲过来，"薇薇，来，这是我的林玲。怎么样！薇薇，我告诉过你，爱情没那么难。我随便伸个脚趾头出去试试，就被林玲给捡着了。"

我笑笑，趁着林玲转身的瞬间，贴到沈天一耳边："秀恩爱，死得快！你没瞧见你请来的这帮哥们儿，个个虎视眈眈的，看紧你的妹子！"

沈天一好像有点喝多了，涨红了脸对着我耳朵吹气，"薇薇，我怎么听着你的话里有一股浓浓的醋味儿呢！不过，哈哈，吃醋有益身心健康！真的，尤其是女人，就该多吃醋！"

我一时语塞。

林玲端着酒很快过来了。我老老实实，跟他俩碰杯，一饮而尽，活脱脱豪情万丈一女汉子！

那晚，应该是我们这么多次聚餐中，沈天一唯一一次没有送我回家。当然嘛，他现在是护花使者，送他的林玲去了。

大街上，车辆穿来穿去，我好像喝高了，双腿打战，迈不开步子。酒气一阵阵从喉咙往上窜，我对着垃圾桶吐得胆汁都要出来了，头晕乎得厉害。在倒地之前，我好像看见沈天一那张熟悉的笑脸，"你不是要送女朋友吗，快去，别让她误会你！"

说完之后，我失去重心，整个人滑倒在他怀里，然后晕了过去。

兔子，来吃窝边草吧

宿醉，头疼欲裂。

但比身体更疼痛的，是心。

从此以后，真的要斩断所有关于沈天一的念想，将彼此的关系定格在发小这个层面。因此，当沈天一端着热腾腾的姜汤进来时，我格外客气："谢谢，你先回去吧，我自己可以的！不就是几杯酒嘛，我没事！"

沈天一眉毛一挑，"你着凉感冒了。你以为是醉酒这么简单吗？真是的，一点都不会照顾自己，不晓得你一个人是怎么生活的。"

一味埋怨着我的沈天一，看上去也很帅呢！

我敲敲自己的花痴脑袋，什么时候了，还想这档子事。早些年不下手，现在被人家抢走了，你只能偷偷多看几眼罢了。

"我自己不也活得好好的嘛，至少没缺胳膊没少腿儿！"我生怕被沈天一的关切感动得掉眼泪，赶紧打哈哈圆场。

"哈哈，你昨天真的吃醋了嘛！我看你那表情，格外诡异！"沈天一得寸进尺，将脸凑过来，我差点要撞上他漆黑的眼睫毛。

"沈天一，你不要靠得这么近。你一个有女朋友的人，我真担心我把持不住，占你便宜！"我不敢看他的眼睛。

沈天一收起嘻嘻哈哈的不正经样儿，抓着头发，瘪起嘴，好像受了极大的委屈，"薇薇，你真的不喜欢我，是吗？"

啊！

三观端正的沈天一，根红苗正的乖宝宝，怎么会在突然有了女朋友之后问这个问题！我做不到脚踏两只船，更做不到成为那两只船中的一只！沈天一，你可别做什么享齐人之福的春秋大梦！

"谁敢喜欢你！你有一个那么好的女朋友，会要我这样的，怎么可能？再说了，你凭什么会认为我喜欢你。你又没有证据！"我做贼心虚，还想倒打一耙。

"证据就是昨晚我说你吃醋了，你都答不上话。薇薇，以我对你的了解，如果不是真的，你肯定会反驳。"

"沈天一！做你的春秋大梦吧你！你有了女朋友，还来骚扰我，你这是犯什么毛病！"

哈哈哈！沈天一突然一阵大笑，笑到腰都直不起来。他是被点了笑穴吗！

"薇薇，你被骗了！林玲不是我的女朋友！"

"搞笑，你翻脸还真快啊！不记得发微博秀恩爱了吗？不记得聚餐时四处显摆炫耀了吗？"我突然有些生气，声音也提高许多。沈天一，你不要做第二个许飞！

沈天一俯下身，一字一顿："薇薇，林玲是我的学妹。人家现在学表演，我正想要证实一下你对我到底有没有感觉，她答应帮我。真的，你要是不信，可以打电话问她！我喜欢的人是你，薇薇。"

真的？

沈天一喜欢我？真是没白瞎了我这么些年对他的心心念念。

"那你为什么不早说？"

"薇薇，我一直觉得，我们两个太熟了。熟到我都不好下手，不都那样说嘛，兔子不吃窝边草。"

"那为什么你现在肯说了？"

"那天许飞跟你闹，我特别生气，特别想让他从你生活里彻底消失。我自己都有点吓到了，我这是怎么了！我想，就是在那个时候，我发现，我对你有一种特别的感情，它远远超过了我们一起长大的那种友情。薇薇，我确定，我是喜欢你，不，是爱你的。"

原来如此！

"好吧，亲爱的兔子，来吃窝边草吧！"

话音刚落，沈天一紧紧抱住我，勒得我眼泪都快流出来了。

阳台上，那一株葡萄苗迎风摇动。粗壮的枝干上，有两只蜗牛，慢慢爬行。

"它们会等到葡萄苗开花结果那一天的。"我握着沈天一的手，无比肯定地说。

沈天一腾出另一只手，将削好的苹果递给我，"不用等待那一天，就这样相拥着看看风景，也很美好！"

是呢，慢慢爬行，慢慢领略这世间风景，不也是惬意的人生吗！

第七辑

消失的树洞

她，是别人用心托付在你手上

十月一号，菲儿大婚。

这天是个好日子，好到似乎全城的未婚男女，都选在这一天喜结良缘。路上堵车了，阿布的车跟在新郎车后面。喇叭声此起彼伏，阿布有些发急，如果继续堵下去，肯定会错过接亲的好时辰，菲儿此刻肯定急得像在热锅边乱转的蚂蚁！

算了，不等了！

他推开车门，冲新郎大喊："哥们儿，别等了，下车跑去菲儿家！"

皮鞋硌脚，阿布干脆脱掉鞋子，拎着跑。新郎，远远跟在阿布后面。好事者看到这一幕，纷纷拿出手机拍照。

阿布边跑边想，肯定有人在嘀咕：伴郎怎么跑得比新郎还快，这是要去抢亲吗？也许，菲儿的老公也在生闷气，厌烦他跑得太快！可是，阿布已经顾不上这么多了，他只想尽快跑去告诉菲儿：不要着急，你老公赶来接你了！

跑得有些发热，他解开领带，忽然想起了长跑比赛马拉松的由来。

雅典人在马拉松海边抵御入侵者波斯人，胜利之后，统帅派了一个名叫菲迪皮茨的人，跑回雅典报信。菲迪皮茨用尽全身力气奔跑，他赶到雅典将胜利的消息告知等待的人群后，倒地身亡。

此刻，阿布觉得自己像传递好消息的菲迪皮茨！但愿，等待他的，不是新郎官难以理解的怒火！

赶到菲儿家，不明就里的伴娘们挡着要红包。阿布抹了抹满头的汗水，冲门里大声喊道："菲儿，路上堵车了，你等一等，你老公跑着来接你了，他让我先赶来告诉你一声！"

菲儿拉开门，一袭白色婚纱，纯美如仙子。

"谢谢你，阿布！"

短短的一句话，阿布心里温暖极了！这一个多小时的奔跑，值了！

新郎吭哧吭哧跑来，亲切地拍拍阿布肩膀："哥们儿，你兔子转世的吗？我拼了老命也追不上你，还好，你不是来抢老婆的，要不然，我真输给你了！哈哈！"

阿布笑笑，俯身整理衣装。

抢亲？如果真的要抢，八年前，他早就抢了。关键在于，他抢了，菲儿会从吗？

婚礼很温馨，阿布想，这是菲儿喜欢的风格——公主和王子的浪漫童话。司仪宣布新娘抛捧花，菲儿直接走到阿布面前，将捧花塞到阿布手里。阿布愣了愣，旋即明白，在菲儿心里，他就是一个跨越性别界限的闺蜜。

"阿布，我已经找到我的幸福，也希望你尽快找到你的幸福！"菲儿依偎在新郎身边，一脸小女人模样。

"从来没有将捧花送给伴郎的，菲儿，你也忒惊世骇俗了！谢谢你的好意，我的另一半，也许还在幼儿园蹦跶呢！"

菲儿没有搭理阿布的贫嘴，陪着新郎四处敬酒。

司仪为了调侃气氛，邀请宾客上台表演助兴。阿布端着酒杯，唱了一首不知道练习过多少次的《给你们》。

她将是你的新娘
是别人用心托付在你手上
你要用一生加倍照顾对待
苦或喜都要同享

菲儿和新郎听得很动情，菲儿甚至还跑上前给了阿布一个结结实实的拥抱。

阿布的眼角已经泛起泪花。他知道，从此之后，他和菲儿，已经完全划清界限。他只能期盼，婚礼上信誓旦旦的新郎，能用实际行动，让菲儿幸福一生。

婚礼结束时，阿布躲在车上，远远看着送别宾客的一对璧人，喃喃自语：亲爱的菲儿，你的树洞，从此消失了！

/ **守口如瓶的树洞** /

菲儿第一次找阿布诉苦，是大学一年级。菲儿跟男友因为一瓶开水的问题，闹得天翻地覆。她气不过，找到阿布，不停地碎碎念，强调自己无比委屈难过。

其实那时候，阿布跟菲儿还不是很熟。哦，准确点说，是菲儿不太熟悉阿布，阿布对菲儿已经了如指掌。

在菲儿第一次竞选学生会副主席时，阿布就记住了这个说话俏皮的女孩子。后来，他经常在食堂见到菲儿。菲儿每次排队，总是打两份菜，总是把好的那一份推给男友。每每看到菲儿微笑着替男友夹菜，阿布特别羡慕。他想，这样的女孩多么难得，谁做她的男朋友，都应该感到幸福和满足。从此，观察菲儿，成了他每天必做的功课。一次偶然机会，他捡到菲儿遗落在图书馆的学生证。两人就此相识，成为了朋友。

菲儿的爱过于浓烈，所以她总是被强势独断的男友伤害。

比如，开水事件。

菲儿觉得，自己天天帮男友排队打饭，是爱的最佳证明；让男友帮自己拎一瓶开水，无可厚非。而男友则用一套现代女性须独立自主的理论，彻底拒绝用拎开水瓶的方式来证明自己对菲儿的爱有多深。

"哼，他说我幼稚！他说我无理取闹！阿布，你说你要是真爱一个人，别说拎一瓶开水，就是拎十瓶开水，也不过分吧！"

"对，就算要他上天去摘星星，都不过分！"阿布附和。

阿布不想跟菲儿辩论拎开水和真爱是否有关。他只知道，菲儿的脾气，不吐不快，只要她说出来，就没事了。而作为一个合格的听众，他不仅要认真倾听，还要在合适的时机真心实意地表达对菲儿的深切认同。这个对大多数男生来说是特别头疼的脑力活儿，阿布做得得心应手。

菲儿说得口干舌燥，阿布贴心地递上一杯鲜榨橙汁。

"阿布，你说，我是不是太小题大做了？"菲儿疯狂吐槽后，突然醒悟。

"各打五十大板呗，你跟你男朋友，都有点。要不然你们怎么会是一对儿呢。哈哈！"

"切！这话我爱听。嘿嘿，阿布，我跟你说这些，你可不许告诉别人！"

"得了，我才没那么无聊。你以为我像你们女生啊！"阿布没有嚼舌根的习惯。

菲儿不放心，给阿布讲了一个故事，强调保密工作的重要性。

她说，有一位国王长了一对驴耳朵。他为了维持形象，不准理发师将国王长着驴耳朵的秘密泄露出去，理发师也答应国王绝对不会将这件事告诉别人。可是，长期保持秘密，使得理发师生病了。他实在忍不住了，就跑到深山里，在一棵大树上挖了一个树洞，对着树洞说："国王长了一对驴耳朵！"说完之后，理发师的病就好了。岂料，有人将这棵大树砍倒做成长笛，只要一吹，笛子就会发出"国王长了一对驴耳朵"的声音。不久，全国的人都知道了国王的秘密！

"所以，阿布，保持秘密多么重要！你，一定要做一个守口如瓶的树洞！"菲儿讲完故事，归纳中心思想。

阿布点点头，"那是当然，公主殿下，我绝不辜负您的信任！"他学起英国绅士的派头，弯腰鞠躬。

菲儿被彻底逗乐，全然忘记跟男友的争吵，开怀大笑。

郁郁葱葱的梧桐树下，菲儿明媚的笑容如盛开的芙蓉花，阿布都看呆了。那一刻，他下定决心，成为菲儿口中值得信赖的树洞，用一生的时间来守护她的秘密。

/ 有关鸡蛋的历史问题 /

毕业前夕的一天晚上，菲儿喝得酩酊大醉，硬拉着阿布在运动场暴走。分手的痛苦、毕业的伤感，这些，是菲儿买醉求解脱的最佳理由。

"凭什么，我付出了四年，到头来，却是毫不留情的分手！"菲儿冲着阿布怒喊。

阿布不知道该如何安慰菲儿，他以往那些点头附和的招数明显不适用。

其实，他一直觉得菲儿跟那个男生并不合适。只是，每次总是这样，跟他诉苦之后菲儿又屁颠屁颠地跟在那个男生后面，依然温柔体贴，一副逆来顺受的享受样子。阿布想，这就是周瑜打黄盖，一个愿打，一个愿挨，菲儿也许是快乐幸福的。所以，每一次，劝分手的话到了嘴边，他还是硬压着不说。阿布实在不忍心用理性的思维瓦解菲儿对爱情的热忱。

"菲儿，你喝多了，解解酒吧！"阿布塞给菲儿一瓶酸梅汤。他已经习惯了，每一次菲儿找他倾诉，他都提前准备饮料，在菲儿说得唾沫横飞口渴难耐时，不经意地递过去。

菲儿解恨一般喝光饮料，将瓶子踩得啪啦啪啦直响，捶着阿布的胸膛："我不够好吗？为什么他会跟我分手！为什么！为什么！"

菲儿手劲很大，看来，她伤心得失去了理智。

阿布特别心疼，见惯了菲儿一脸哀怨模样，他还是第一次见她如此伤心欲绝。手足无措，他不知道该怎么办才能让哭得双眼红肿的菲儿破涕为笑。

也许，哭够了就好了吧！

夜深了，菲儿还沉浸在悲伤的情绪里，低声抽泣。阿布揉了揉已经麻木的肩膀，推推菲儿："菲儿，我真的很困，怎么办！"

不知道菲儿是不是被分手给刺激了，一路死死地拉着阿布，来到如家宾馆。阿布彻底蒙了，干啥？酒后乱性？他觉得后背发凉，幸好，今天菲儿遇见的人是他，如果换了别人，说不定就是辣手摧花了。唉！菲儿，什么时候，你才能学会保护好自己呢！

菲儿还算清醒，开了双人房。阿布占据一张床，四脚八叉，意图阻止菲儿爬到自己的床上来。菲儿看着睡姿豪迈的阿布，一眼戳穿他肚子里的小九九："怎么，怕我非礼你？"

阿布老实地点点头。那一刻，他只是想呵护她，没有别的念头。

菲儿钻进被窝里，声音低得不能再低："阿布，你是不是很奇怪，我为什么会喜欢那样骄傲自大的男生?"

终于，菲儿谈起了这个阿布一直想说的话题。他，一直觉得菲儿值得遇上更好的人，而不是为一瓶开水斤斤计较的死脑筋。

"嗯，是呢，我觉得他配不上你。"

"可是，你知道吗？我其实配不上他。"

原来，菲儿的爱情故事里，还有一个如影随形的敌人。

菲儿用被子蒙着头，给阿布讲了一个故事。

一个6岁的小女孩，特别信任邻家哥哥，总是心甘情愿当他的跟屁虫。盛夏酷暑，家里的大人都出去了，将小女孩关在家中午睡。女孩甜甜的梦被吵醒了，她起身一看，邻家哥哥光着身子抱着自己，这令她一阵恶心，女孩从来没有见过这样的场面，已经吓呆了。邻家哥哥一改平日的和善，恶狠狠地吓唬她，这事说出去，就弄死她。

死！小女孩不想死，她的小童话书里有一个特别美好的世界，她还想长大，到这个世界去做一个真正的公主。就这样，小女孩妥协了。她再也不敢找邻居哥哥玩。不久，小女孩搬家了，她终于远离了那个带着微笑的恶魔。可是，恶魔的影子却一直跟随着她。她知道，当年的那件事特别脏。十几年后，小女孩长大了，可是她不敢相信爱情，不敢相信这世界还会有人爱她。

"所以，当你遇见他，当他对你表示一点点爱意，你就涌泉相报了。是吗，菲儿？你说的小女孩，就是你自己？"阿布的声音颤抖着，他完全不知道，看上去简单可爱的菲儿，心里竟然有这样一段伤心阴暗的往事。

菲儿没有说话。阿布跳下床，掀开湿润的被角。菲儿闭上眼睛，任他笨拙地帮她擦眼泪。

阿布在菲儿的床边坐下，讲了一个笑话。

从前，有个妇人，拎了一筐鸡蛋赶集。半路上，冒出来一个歹徒，歹徒高喊："打劫！"妇人吓坏了，不知道怎么办，只好眼睁睁地看着歹徒将鸡蛋抢走。等歹徒走远了，妇人站起来，拍拍身上的土，松了一口气："妈呀，我以为是劫色呢，还好，丢的只是一篮子鸡蛋！"

"菲儿，你在童年里的那件事，只是一筐被抢去的鸡蛋。你知道吗？它并没有夺走你的爱情，相反给予了你最珍贵的东西。你看，那些和你年纪相仿的女孩子，谈恋爱时，傲娇得如女王大人。而你，却温顺得像个小女仆。菲儿，爱情是平等的，不要因为这件小事，乖乖躺倒砧板上，让自己任人宰割。菲儿，你值得遇见更美好的爱情！你的秘密，我至死为你保守，真的，你无须担心太多。听听我一个大男人的心里话，这段过往不值得你如此看低自己。"

阿布不知道，自己说的这个老掉牙的故事，能否让菲儿解开心结。

那一晚，他守着她，如同守着一块珍宝。菲儿，你是多么善良的女孩，经历过如此不堪，却修得这样通情达理的好脾气！

/ 愿你一世阳光 /

毕业后，菲儿去了另一个城市。

最开始，阿布经常去看她。两个人，聊一些时事八卦，逛大街压马路。菲儿的工作很不顺心，阿布经常在下班后打开电脑加班，帮菲儿赶工。那一年，陈柏霖和林依晨演的偶像剧《我可能不会爱你》特别火。菲儿特别羡慕程又青，经常用遗憾的口吻对阿布说，可惜你不是李大仁！

每每这时，阿布在电话的另一端惊叫，那当然，我只是你的树洞！

所以，我只想做好一个树洞的本分！这一句，阿布藏在心底。他不是没有想过将彼此关系变成情侣的可能性，但他清楚，自己不是菲儿想要的爱情。如果硬生生被感动和熟悉蒙骗，清醒过来后，伤痛将难以平息。他，不愿意做菲儿心口上无法愈合的伤疤。

静静地听着菲儿讲述她生活里的零零碎碎，已经足够了！

只是，阿布没有想到，有一天，当菲儿领着一个高大的男人出现在自己面前时，他的心不停颤抖。

菲儿跟阿布说，她已经找到生命中的另一半，灰姑娘吻了青蛙，她终于有机会当公主！

是吗？阿布笑笑，也许青蛙会把灰姑娘变成母青蛙呢！

菲儿的男友毫不介意，笑眯眯地看着菲儿跟阿布拌嘴，他看菲儿的眼神，爱腻得令阿布胃酸。

菲儿的选择是对的。那个男人，过马路的时候，轻轻拉起菲儿的手，温柔得体，果然是菲儿喜欢的类型。看着菲儿和男友依偎着越走越远，消失在视野里，阿布心里空空落落。

后来，菲儿沉溺在爱情的幸福里，很少联系阿布。阿布也很识趣，菲儿不打电话来，他也不主动打电话过去。直到菲儿跟男友结束四年爱情长跑，走进婚姻殿堂，阿布都无法确认曾经是不是喜欢过菲儿。如果喜欢，为什么不敢表白呢？如果不喜欢，为什么愿意安安心心当她吐槽的树洞？

他有时会问，自己是不是爱情里的懦夫？是不是，在爱情和友情之间，还游荡着另一种不知名的情感？

有人说，所有的不图回报，其实暗里都别有企图。

阿布不知道，自己的企图藏在哪里。当菲儿跟爱人手挽手走过婚礼的红地毯时，阿布希望，他这个树洞，可以永远封存起来。

他记得，当年梧桐树下，菲儿笑靥如花，他许下承诺，愿一世守护菲儿的秘密。但他更期望，走过阴暗童年的菲儿，不再需要树洞来掩藏秘密。她的后半生，理应拥有满满阳光，足够驱除一切阴霾。

第八辑
一个像夏天，一个像秋天

/ 逃离一场爱的风雪 /

左青青给许晓晓打电话时，手抖得厉害。她刚刚跟男友宋林大吵了一架。

起因很简单。被爱情冲昏头脑的左青青辞去前途一片大好的工作，来到宋林所在的小城市，希望能够谋得一生一世的相守。哪知，理想是个大胖子，而现实却是个干瘪瘦子。在这个小地方，左青青连连碰壁，待了好几个月也没找到合适的工作。怎么说呢，要么是她看不上人家，要么是人家看上她，却又请不起。

好不容易王八看绿豆对上眼儿，终于有一个大腹便便的老板雇她做公司的广告策划。左青青兴致勃勃，踩着恨天高去报到。老板关上办公室门，直截了当："小左，嗯，那个，我想你更适合另一份工作！"

老板胖得像胡萝卜一般的手指轻轻一推，将合同放在左青青面前。

情人合约！

看到标题，左青青差点将早上刚吃的包子吐出来。她从来没有想过，有一天会狼狈至此，居然被人看中，想来一场钱色交易。

礼貌转身，关上办公室大门，头也不回地逃出去，气喘呼呼赶上公交车，手机里又传来一条讯息：小左，一年给你十万，你考虑考虑吧！

考虑你妹！左青青气得牙痒痒，依偎在宋林的怀里。宋林倒是镇定很多，笑嘻嘻建议："青青，你可以答应他。你看我一个月就两千多块钱工资，养你还真是觉得压力山大！"

什么！

左青青立刻跳起来，瞪着宋林，不敢相信这句话是她挚爱的宋林口中说出来的。

"你可以先跟他要几万块预付款，拿到钱后你直接消失，让他联系不到，不也很好嘛。我们缺钱呢！"

"缺钱！缺钱就可以让女朋友去做情人！你把我当成什么人啦？我在你心里到底有没有位置！"左青青觉得，宋林已经被这个小城市的灯红酒绿腐蚀了。

宋林也很恼火，左青青高不成低不就折腾几个月，他已经受够了："是你自己心甘情愿跟着我来的。现在这样子，你怨我吗？"

怒火一触即发，宋林抱怨不止，左青青连插嘴的机会都没有。

"都是你！你以为全世界就只有你是清高的白莲花吗？我只不过开个玩笑，你吼什么。天天吃我的、用我的，我不是你的男朋友，我只是你的床伴和提款机！左青青，我告诉你，我受够了！"

她来不及回击，宋林摔门就走。走之前，还顺走了钱包。

陌生的城市，举目无亲。左青青下意识拨通了许晓晓的手机。

"当时我就劝你，宋林那样的人，不靠谱。你还硬要撞得头破血流跟他去。哪有男人让自己女朋友去做情人的！他到底还是不是个男人！哪怕开玩笑也不可以！青青，回来吧，真的。你就当是做了一个噩梦！"

分手。

这是左青青有生以来听过的最好建议。只有死党许晓晓，才会劝她果断决绝。左青青默默收拾行李。原以为，会有很多放不下的东西，收拾到最后才发现，她所能带走的，只是一个长方形的旅行箱。

趁着宋林还没回家，左青青登上火车。车票，是许晓晓在网上帮她购买的。来时，银行卡上还有四位数存款；离去，却困窘到凑不出钱买车票。左青青第一次意识到，没有钱，果然万万不能。

深夜，火车到达C市。

左青青拎着并不沉重的行李箱，刚出站台，一眼看见立在寒风中的许晓晓。几个月过去，许晓晓出落得更加干练利落。只是，她好像瘦了。左青青靠在许晓晓的肩上，像受够委屈的孩子，放声大哭。

湿哒哒的泪水落进许晓晓的大衣里。冷风一吹，左青青双腿打战。

"行了！哭一会就该完事了。我的衣服新买的，弄脏了你赔我！"许晓晓一手挽着左青青的胳膊，一手拉着她的行李箱。

两碗热腾腾的馄饨下肚，左青青感觉好受多了。她埋着头吃饭时，许晓晓夺过手机，将新的电话卡塞了进去。

"帮你断个干净！虽然说，谁年轻时没有爱过个把人渣，但是我不希望你的生活被人渣搅成渣！"许晓晓武断专横，但左青青却特别享受这一份只有她能承受得起的厚爱。许晓晓，她最最好的闺蜜，自然懂得站在她的立场，捍卫她的幸福。

分手这件事，不是左青青的擅长。她一向优柔寡断，几番下定狠心，又经不起宋林的软语温存，顷刻间被策反。这一次，就跟着许晓晓的节拍走吧！

/ 把回忆困在旧时光里 /

时间被许晓晓安排得满满当当。

面试、聚餐、跳舞。每一天如是重复。左青青知道,每一个安排都是有目的的。面试,当然是要谋得一个养活自己的赚钱之道;聚餐,许晓晓请的全是大学时期认识的优剩男校友,名义上是给她接风,实际上是帮她相亲;跳舞,则是让她恢复往昔的动人神采,赢得下一场爱情。许晓晓告诫她,男人就是视觉动物,别提纯洁的爱情,简直是给纯洁丢脸!

忙得像停不下来的陀螺,左青青再也没有时间来这一场跟宋林的爱情悲剧,除了在梦里。

她总会梦见那个夕阳洒满台阶的傍晚。宋林站在女生宿舍楼前,抱着篮球,他干净、阳光、帅气,左青青被迷得花了眼。她相信,宋林,就是她的一见钟情。

半夜里,从美梦中惊醒,左青青只听得见身畔许晓晓酣甜的呼吸声。也只有等许晓晓睡着了,她才有时间来回想这一场痛彻心扉的初恋。

如果有时光机,能回到跟宋林手牵手躺在草地上数星星的日子,该有多好!

她是喜欢宋林的，班级里所有的人都看得出来。所以，哪怕宋林只是写了一张小纸条告白，她也欣喜若狂。只有许晓晓，居然用资本理论来打击她：男人的爱跟金钱付出是成正比的，他爱你，自然愿意为你砸锅卖铁，千金博一笑；如果不够爱你，便投机取巧，用糊弄小女生的手段制造点小浪漫，用最低成本将你骗上床，来解决他饥渴的生理需要。

左青青不屑一顾，"晓晓，能不能不要将浪漫的爱情跟肮脏的金钱搅和在一起！"

许晓晓眉毛一挑，振振有词："跟钱有仇的爱情，必然无法走进婚姻的坟墓。显而易见，没有钱，你们连一块安葬的墓地都没有！"

现在想起来，许晓晓早熟的恋爱理论，字字是真理。

手机里的照片被许晓晓霸道删除，左青青裹着外套爬起来，打开电脑，翻出一张张与宋林的合影。照片上，他们笑容灿烂，将曾经的美好定格。左青青特别喜欢大学时期的宋林。那时，同吃一碗凉皮，同啃一根甘蔗，就连一块牛皮糖也要分成两半吃。宋林说，只要他有一样东西，都会分一半给她，只要他在，就不会饿着她、冻着她。他说，他能给予的，就是这样庸俗而简单的快乐。誓言质朴，左青青却感动得眼泪汪汪。

如果，能一直这样好下去，该多么完美！

可惜，有个叫毕业的东西，最看不惯这世间澄澈的校园恋情，硬生生地将这对从没有为生活发过愁的爱侣，推向现实的泥潭。宋林居然没有办法找到合适的工作，调头回到老家，接受了父母安排的职位；左青青坚持了一年，终于扛不住思念的煎熬，辞职来到宋林的老家。

生活，仅用了一年半时间，就彻底摧毁了左青青已经延续了三年的纯美初恋。现实，甩给幻想一记响亮的耳光！左青青却没有被彻底打醒，轻拂着二人的甜蜜合影，泪水涟涟。

许晓晓不知何时站在身后，啪一声合上笔记本。

"青青，美好的回忆，就让它留在过去的时光里吧。偶尔驻足看一看，没什么不可以。但是，你要坚强起来，让过去彻底成为过去！"难得，许晓晓有如许轻柔的安慰。

左青青怎么会不懂许晓晓的良苦用心呢！只是，只有让时间这一剂良药渐渐抚平心伤，她才不会因勾动回忆而伤心落泪。

/ 接过养家糊口的重担 /

在许晓晓的出租屋待了近一个月，左青青仍没有找到合适的工作。她很愧疚，每天赶在许晓晓下班前，烧好了饭菜。虽然，晓晓跟她说，住多久都没有关系，她仍希望尽快工作，帮晓晓分担房租。

这一天，许晓晓下班回来，神色凝重："青青，我被炒了！"

什么！正在炒菜的左青青，差点被锅铲砸到脚背。

"青青，我看了看，目前我只有5千块存款，只够我们两个月的生活开销。要命的是，我做的是工程造价，女孩子，这个专业不太好找工作。人家一般都要男的，唉！我干脆去当服务员吧。我看人家酒店服务员，酒水小费都比我的工资高！"许晓晓跟她商量。

左青青不知道该说什么。一直以来，都是许晓晓安慰她、帮助她。而今天晓晓突然失业了，她不知道用什么合适的话来劝慰晓晓。

面试过很多家公司，有几家很中意左青青的广告点子，也希望她去上班。可是，她觉得工资太低，想等一等，看看有没有公司肯给出理想的薪酬待遇。

而今，许晓晓的饭碗丢了，竟然到了打算去酒店拎酒瓶当服务员的地步，她左青青还能安心地坐吃山空吗？

"晓晓，你讲得也太离谱，什么去酒店当服务员，真是白瞎了你读的几年大学了，更何况你还挺喜欢这个专业。我明天就给上次面试的公司打电话说同意去上班。"

"那个工资太低，你不是不想去吗？"

"现在都什么时候了！我白吃白喝白住一个月，是时候接过养家糊口的重任了。晓晓，你就好好休息一段时间，有合适的工作机会了再去上班！"

左青青吃完饭，就跟先前通过面试的那家公司打电话，同意立刻上班。

新工作事务繁杂，左青青经常加班到很晚才下班。忙碌，真是个神奇的治愈方法。她的脑子里，装满了各种广告的奇思妙想，再也腾不出空间留给那个叫宋林的人。

许晓晓有时候旁敲侧击："青青，宋林如果再来找你，你会怎么办？"

"扫地出门！"

左青青飞快打字，想也不想地就给出答案。

"哈哈，回答正确，加十分！"许晓晓乐得前俯后仰。

是呢！早就该将宋林从脑海里彻底清理出去。

许晓晓上前，挡住电脑屏幕，得意洋洋："青青，你还真是好骗！哈哈，你真相信我失业了呀！你说，像我这种业界奇才，老板请了不都得好好供着，谁敢开我啊。再说了，我是省油的灯吗，岂是老板说辞就能辞的！"

搞什么！左青青眼睛瞪得老大。

"如果不让你忙起来，你就会想那些不开心的事，半夜里哭哭啼啼！当初我以为给你弄个相亲聚会什么的，可以药到病除。后来我才知道，工作，让你忙得一点自己的时间也没有，才有机会打败你那些伤感的回忆细胞！"

居然说谎骗人！左青青丢过去一个抱枕，逮着许晓晓一阵捶打！

她能再说什么呢！许晓晓啊，许晓晓，总是有办法让她从困境中挣脱出来。

/ 朋友比情人更死心塌地 /

许晓晓恋爱了，男友是同事老吴。

老吴跟许晓晓一样，出身理工科，是个踏踏实实的人。许晓晓不太会做饭，而左青青烧得一手好菜。为了生存大计，老吴特别殷勤，提出向左青青拜师学艺。

于是，每到周末，原本该出去约会的老吴和许晓晓，却待在家里。一个守在电脑跟前画图加班，一个守在厨房跟左青青倒腾锅碗瓢盆。一次，左青青切菜，不留神切到手指，老吴拿起创可贴二话不说捉住左青青的手，仔细帮她贴上。只是，左青青分明感觉到，老吴捏着她的手指，似乎有一些品玩的意味。

左青青身上有一种温婉的气质，而许晓晓则是干练利落、大大咧咧。也许，老吴跟许晓晓是气息相投的。但是，跟左青青接触后，老吴觉得，似乎左青青才是他理想中的爱人。

偷窃的心，已经游荡。小小的厨房，怎么容得下两个人。老吴逮着机会，顺势揩油。老吴心中的那点花花心思，左青青自然是知道的，但，她更清楚，没有人能比得上晓晓在她心中的位置。也许，老吴只是一时冲动。

为了避开老吴，左青青搬了出来，在一个单身公寓租了间房子。

老吴没了近身接触的机会，消停了几个月。

后来，许晓晓生日，左青青拿出看家本领，做了好些许晓晓爱吃的菜。老吴兴致很高，频频举杯，两瓶红酒见底。从进屋到离开，一直相安无事，左青青心里悬着的石头终于落了地。

谁知，她刚到家，老吴就来敲门。她心里是提防的，打电话给许晓晓。原来，是她想多了，晓晓担心她喝高，派老吴过来看看。刚开门，老吴就紧紧抱住她："青青，我喜欢的人是你，爱的人是你！"

居然主动将色狼放进来！左青青恨不得扇自己一顿耳光！使尽力气，照着老吴大腿，狠狠踢了几脚。老吴疼得站不起来，坐在地板上呻吟。老吴酒醒了！他从来没有见过左青青发这么大的火，开了门一溜烟似的跑掉。

左青青瘫倒在沙发里，脑海里的两个小人开始掐架。一个说，告诉晓晓吧，爱情容不得玷污；另一个说，千万不要说，说了，跟晓晓就会形同陌路。不同的人会有不同的解释，也许老吴还会倒打一耙，说自己勾引他在先呢？

沙发像烧红的铁锅，左青青翻滚了无数次，睡意全无。晓晓会完全相信自己吗？如果不相信，这一段从大学延续到现在的友谊，是不是就要画上句号？左青青想起不久前看到的一幅照片：两个年过七旬的老姐妹，在火车站挥手告别。照片底下，有一行旁白：再见了，闺蜜，不知道这一次分别，是不是永别？

短短几句话，却道出了两位老人维系一生的珍贵友谊。左青青希望，等到自己白发苍苍时，仍然可以和许晓晓躺在阳台上晒太阳，讲讲年轻时候的糊涂事，细数岁月里的点点滴滴。

想了一整夜。一大早，左青青揉揉干涩的眼睛，买了早餐，敲开许晓晓的家门。

许晓晓给了她一个大大的拥抱："亲爱的，你真贤惠，唉，我要是个男人，肯定娶了你！"

还有什么消息比得上她即将要说出去的话！晓晓刚过完27岁生日，刚许愿说想跟老吴早点结婚生个圆滚滚的小朋友。第二天，她却要告诉晓晓：你的老吴，是个不折不扣的伪君子！

餐桌上的杯子，满了又空，空了又满！左青青差不多喝了一壶开水。许晓晓终于觉得有点不对劲："青青，你有心事？不停地喝水，太反常了吧？你！"

说吧！伸头一刀好过凌迟碎剐！等待和纠结才让人备受煎熬！

"晓晓，有件事我必须告诉你。你可以打我、骂我、恨我，但是一定要相信我！昨晚，你的老吴，喝醉了酒，闯进我家跟我表白，说喜欢我，被我一脚踢了出去!"

许晓晓满嘴的豆浆喷了一桌子:"真的?这个老吴,我早就觉得他有点不对劲!可是又逮不着把柄!"

"晓晓,你不生我的气吗?"

"关你什么事啊!老吴自己动了歪心思,还差点占你便宜。我要是不暴揍他一顿,不够解气!"许晓晓当即打通电话。

那一头,老吴统统招供。

"晓晓,我承认,我喜欢青青。真的,我也不知道为什么。我只是一直找不到合适的机会跟你讲清楚。我知道,你爱我比我爱你要多。晓晓,对不起!我们,还是做普通朋友比较好!"

"普通个鬼!"许晓晓将电话往地上一摔,继续吃早餐。

吃过早餐,许晓晓拿起一叠抽纸,蒙着头哭起来。左青青不知道该说什么,只好干坐在一旁。

一会,一盒抽纸见底,她只得劝晓晓:"别哭了,纸巾都给你用完了!"

"你真是抠门儿,当初你分手回来,哭脏了我的大衣,我都没说什么。现在我就用几张纸,你就这么多废话!"许晓晓擦着眼泪,还不忘记跟她打嘴仗。

"晓晓,怪我,你谈恋爱时,我就该搬出去。老吴也不至于想歪了。"

"是我跟他不合适。至少,你及时告诉我,帮助我尽早结束了这场错误的感情。果然像一首歌唱的那样,朋友比情人更死心塌地!青青,我很累,我们出去旅游散散心吧!"

左青青第一次觉得,女强人许晓晓,也有一颗柔软的心,需要用心呵护!

/ 山重水复处的重磅惊喜 /

左青青跟公司请了半个月假,买了车票,跟许晓晓去了皖南。

大学时,左青青跟许晓晓报团游了一次宏村和黄山。那会儿,俩人都是口袋里只有几个钢镚儿的穷学生,她们只是走马观花,匆匆而过。这一次,左青青跟许晓晓在黄山脚下住了一个星期。

青砖黛瓦马头墙,一间间祠堂,一个个传奇。左青青解说着,许晓晓听得津津有味,居然还有游人以为左青青是导游,也跟在后面听她讲解。一个子高高的小伙儿,时不时端起相机拍下这两朵姐妹花的亲昵瞬间。

夜幕降临,左青青和许晓晓到屯溪老街闲逛。人群里,华灯下,左青青总觉得有个影子不远不近地跟着。许晓晓用胳膊肘提示左青青:"亲爱的,你回头看看,估计是你的粉丝呢!"

两人叽咕几句,打算将这个色胆过人的男生抓个现行。当下,许晓晓走出店门,装模作样,对着高高的牌坊乱拍一气。高个子男生三步并两步,接近许晓晓。左青青发觉,他看晓晓的眼眸,明亮而专一。那样的神情,分明只有陷入爱恋中的人,才会如此。

她上前，拍了拍男生的肩膀，"喂，老实点，把拍我们的照片交出来！"没等男生反应过来，许晓晓一把夺过相机，翻看起来。每一个镜头，许晓晓都是主角。碎碎的刘海遮不住飞扬的笑容，许晓晓一向只会剪刀手拍照的POSE，也拍得俏皮伶俐。

爱慕相片里的主角，自然会将她拍得这般明媚动人。晓晓的春天到了！左青青看看高个子男生，嘴角浮起一丝戏谑："喂，你凭什么只拍她一个人！本姑娘入不了你的法眼么？"

许晓晓已经呆住了。她以为，只有青青才会被人拍出这样绚烂如花的笑颜，她如水温柔，大多数男人都容易被她吸引，而自己则是活脱脱的女汉子，哪里会有人发觉她的小儿女情态！

高个子男生理直气壮地回击左青青："你不觉得，她的美，矫健潇洒、气韵过人吗？"

左青青第一次听到有人这样评价许晓晓。看来，深爱着一个人，才会独具慧眼，发现她不同于流俗的独特魅力。

许晓晓愕然，高个子男生面向她，语调温柔如风："晓晓，我其实暗恋你很久了！"

牌坊下，游人如织。左青青搂着许晓晓席地而坐，听高个子男生道出这场跟踪案的由来。

高个子男生说，简直太巧了！许晓晓接左青青那一晚，他也在站台，准备迎接前来看望自己的女友。等了许久，女友没有赶来，他接到女友发来的一张照片，和一段语音。照片上，女友跟一个陌生男子亲密相吻；语音里，她说，不用等了，她受不了异地恋，已经另觅爱人。他木然，在寒风里呆立良久。无意间，听到许晓晓劝左青青，说再哭就要赔她新买的大衣。那时，他惊讶地想，说这番话的人，定是一个经得起生活碾压的奇女子。从此，许晓晓在他心里烙下印记，他默默地关注着她的一切，直到她失恋出来散心。

"其实，晓晓，我公司离你很近。每一天，我只要一抬头，就能看见对面办公楼里的你。有一天，我发现看不到你了，跑去跟你们公司的人打听，原来你去了黄山。我就一路跟过来，晓晓，给我个机会吧。"高个子男生目光炙热，恨不得将许晓晓灼烧、熔化。

"你就不能痛快地来一句，当我女朋友好吗？"左青青插科打诨，不知道什么时候开始，她学会了许晓晓的干脆果断。

接下来，左青青当了一星期的电灯泡，并充当免费摄影师，为许晓晓和高个子男生定格下无数亲密瞬间。

返程离开，大巴上，左青青搂着许晓晓的肩膀，窃窃私语："晓晓，你看，人家是小夫妻度蜜月，两个人出门，三个人回家。我们俩是出门散心，居然也是三个人回家！哈哈，你白捡了一个痴心人！"

"所以，生活终会眷顾那些努力向前的人，在山重水复处，收获重磅惊喜！"许晓晓看了看坐在前排的高个子男生，轻声呢喃，靠在左青青的肩膀上，酣然入梦。

窗外，清秀的山蜿蜒连绵，青砖黛瓦错落其间。左青青垂下眼睑，瞥见许晓晓嘴角上扬。她也许做了个美梦呢！

亲爱的，对我来说，你就是上天安排给我的重磅惊喜。左青青拿出耳麦，按下循环播放，跟着节拍，轻哼：

你拖我离开一场爱的风雪

我背你逃出一次梦的断裂

遇见一个人然后生命全改变

原来不是恋爱才有的情节

……

第九辑
"白骨精"的秘笈

女孩子安分点比较好

持续的酷暑终于迎来了一场透心凉。雨点敲打着窗户,滴滴答答,鸣奏着交响乐章。书桌上,散落的几张百元大钞还带着夏日特有的燥热。叶禾跷着腿,豪迈地坐在椅子上,一手按着鼠标,一手举着冰棒在啃。

看得两眼发直,仍旧没有找到合适的招聘信息。就那么几百块钱,也不知道能熬过几天!早知如此,也许不该一时冲动,辞去那朝九晚五如同养老一般的统计工作。

叶禾先前在一家广告公司做数据统计工作。早上9点上班,下午5点下班,双休,工作的内容是汇总业务员提交的客户信息。一个月中,只有业务员出差回来的那么几天,稍微忙碌一些;平时,就是扫扫办公室、上上网。这是多么令人羡慕的一份工作!对一个女孩子来说,安安稳稳的工作不就是最理想的职业吗!尤其在大学生还不如小学生值钱的市场经济时代,叶禾能找到这样的工作,更应该加倍珍惜,怎么能在实习结束即将签合同的时候,撒手辞职呢?

所有人都不理解叶禾。这个不知道江湖险恶的丫头,肯定是脑子秀逗了!

他们哪里知道,叶禾每一天都在"慢性自杀"!其他部门忙得热火朝天的时候，她所在的统计部闲得令人发慌。部门办公室里，只有她跟一个三十多岁的阿姨。那位阿姨整天老公、孩子挂在嘴上，叶禾实在没有心情跟她闲聊。

这一切，跟她预想的工作情景南辕北辙。她才二十三岁，刚刚大学毕业，更愿意将时间挥洒在自己想做的事情上。

果断辞职！

临走前，总经理摆出一副过来人的姿态告诉叶禾：姑娘，等你出去闯几天，你就知道，我们公司是你遇到过的最人性化的企业。世界上没有后悔药，女孩子最好安分点比较好。

安分！

叶禾对这个词厌恶至极！

小时候，父母教导，乖一点！上学后，老师说，听话！工作了，领导旁敲侧击，老实点！

这些人，都在告诫她，安分守己，做个乖女孩！乖乖上学，乖乖工作，再找一个老老实实的人，生一个乖乖的小孩，走过波澜不惊的一生。二十三岁，叶禾的人生才刚刚花蕾绽放，她不愿意过着一眼就望到头的生活。不在红尘中跌跌撞撞，怎么来证明自己来过这个绚丽多姿的世界！

叶禾不再懊悔，仔细查看每一条招聘信息。

唉！除了工作经验，还是工作经验！叶禾不知道，她这样白纸一张的毕业生，会被哪一家公司捡去回炉锻造。简历一封封发出去，她的坚持得到了回馈，一家做厨具的中小型公司，缺一个办公室文员。

"办公室文员这个岗位，说白了就是打杂工。销售人员基本不在公司，他们出差时，就需要你来帮助他们配合完成工作。比如邮寄发票、购买车票、订盒饭……"

招聘主管滔滔不绝,将职务内容全盘托出。叶禾想,终于可以忙起来了!她拿起入职登记表,认认真真地填起来。

/ 你就是那个笨手笨脚的叶禾 /

揣着满腔激情上阵,第一天,叶禾就吃不消了。

"大姐,你怎么连个报销单都不会填!有发票的跟没发票的不该分开吗?"

"叶禾,我说,我要的合同什么时候才能打印好!"

"小禾,给我定的餐厅呢?地址,地址发给我!什么!你怎么连客户信息都没有录全!"

……

前任文员早就离职了,没有人告诉叶禾,该怎么做。

午餐时间。

没有人搭理叶禾,她端着饭盒,瞅了一圈。角落里,有一个波霸美女,翘着兰花指,吃相斯文。没有人跟美女同桌,看来,也是新人!叶禾像见到亲人一般,热情地过去打招呼。

"你好,我叫叶禾,今天才来上班!"

"哦,你就是那个笨手笨脚的叶禾!"美女专心对付碗里的鸡翅,语调淡然,"唉,销售部文员要做的事情多,能找到人就不错了,笨点也没关系!总比没有人强!"

才半天时间,自己就这么出名了吗?

原来是公司实在招不到人,她才有机会通过面试。之前,她还觉得终于被伯乐发觉了呢。

"嗯,那个,怎么说来着,笨鸟先飞嘛,我以后会多多努力,尽量让大家满意的!"叶禾脸涨成猪肝色,舌头也打结了。

"我叫琳达,总经理助理。你还挺有自知之明的,这性格,我喜欢。以后有啥不懂的,问我吧。不过,别用小儿科问题来浪费我宝贵的时间!"琳达拿起纸巾,优雅地擦拭嘴角,离去。

你就是那个笨手笨脚的叶禾!

叶禾苦笑着,快速解决午餐。唉,还有一大堆合同等着打印邮寄。

黄昏,同事们已经下班。叶禾眼睛贴着屏幕,噼里啪啦一顿乱敲。桌旁,还堆着销售经理扔过来的一大叠客户信息登记表。叶禾叹了口气,"文员真是个辛苦的工作!"

"那是你不懂得怎么管理工作时间!"不知道什么时候,琳达站在销售部门口,端着咖啡,一脸轻松惬意。

什么时候自己才能变成琳达这样呢!所谓的职场"白骨精",一定是用来形容琳达这样的女孩子!借着手机屏幕,叶禾看见素面朝天的自己,脸上准确无误写着"屌丝"二字!

不得不说,琳达能当上总经理助理的职位,凭的绝对不是胸前的那一对快要从衣服里跳出来的小白兔。她只用了几分钟时间,就打好了所有的客户信息。叶禾想想自己的二指弹，再看看琳达的飞快盲打，心里除了羡慕只有恨不得挖个洞藏起来的羞愧。

"琳达，你为什么会帮我？"叶禾涨红了脸，如冬天里刚出土的胭脂萝卜。可是，她清楚，天底下没有平白无故的恩惠。尤其在职场上，大家表面上是一起共事的队友，一旦利益遭受侵犯，便会立刻泾渭分明。

琳达靠在椅子上，喝完咖啡，抿了抿嘴，"你让我想起我刚刚参加工作那会儿。第一天上班，遇到的情况不比你好。虽然时间久了，我熬了过来。但是我总是在想，如果当初有一个人，给我指引，我会不会走得更快呢？所以，你不要担心，我真的没有什么不良居心。"

叶禾不相信，但还是装作无比感激的样子，立刻取下手腕上的玛瑙串珠，送给琳达。

/ 没有永久的朋友 /

在琳达的调教下，叶禾进步很快。起码，再也不用被销售经理呼来唤去了。一月一度的职员大会上，总经理裴源点名表扬，说叶禾进步很快，让全体同仁向她看齐。

表扬的话，叶禾并没有放在心上。午餐时，琳达端了餐盘过来，学得惟妙惟肖，跟她传达着同事们的议论：

"那个小叶，估计有关系背景，要不，琳达怎么会帮她？"

"裴总点名表扬，她估计做梦都要笑醒了！"

"你们说，销售部就她一个女的，是不是那些男同胞都向着她啊。估计很多事都不让她做呢！"

"是呢，是呢！你们还记得不，之前的文员，每天都累得要死，哪有她那么轻松！"

说完后，琳达总结陈词："每天，你至少去茶水间去待会儿，让那些长舌妇们消停消停！"

人心难测，有人的地方就有谣言。叶禾只想尽力做好本职工作，至于别人的嘴，可不是她叶禾想堵就能堵得住的。也许，时间一长，大家就不会再拿那几句轻描淡写的表扬大做文章了。

不过，叶禾低估了女同事们的八卦热情。没过多久，大家居然盛传她和琳达是女同关系，而且谣言说得有声有色，如同亲见。叶禾气不过，跑到茶水间门口，却被琳达押着回到办公室。

"人家希望你有着跟猪一样的效率，这样，才能显得她们工作认真。你才来一个月，就抢了风头。叶禾，枪打出头鸟，偶尔装装傻，未必是一件坏事！"

琳达一副人在河边走，不怕打湿鞋的样子，叶禾满心佩服。什么时候，才能做到琳达这样洒脱呢？叶禾咬着笔头，望着琳达优雅的身影，眼里全是疑惑。

她为什么总帮自己，职场上，不是没有永久的朋友，只有永久的利益吗？

叶禾抓着头发想了良久，终于回忆起第一天上班时，琳达主动帮自己赶工的情形。是了，客户信息登记表，算得上销售部的核心利益，琳达曾主动帮自己录入登记。

先当小人吧，叶禾想，防患于未然肯定没错。她给文档加了密码，希望琳达不会是自己想象中的小偷。

这一天夜里，叶禾做了个梦。梦里，琳达拿着枪，对着她的胸口扣动了扳机。她倒在血泊里，琳达艳笑着，如初见时，翘起兰花指，品尝着她殷红的血液。她绝望地哭泣，求饶，琳达却及时补了一枪，妖娆的身段渐渐消失在苍茫的烟雾中。

梦跟现实都是相反的！

叶禾捂着胸口坐起来，大口大口喝水，按住狂跳的心，安慰自己。

清晨，天蒙蒙亮，叶禾打车，第一个来到公司。她想验证一下，自己的担忧会不会成为现实。

办公室门口，站着总经理裴源。他一看到叶禾，立马让她开电脑，检查数据。

"裴总，出什么事了？"

"琳达半夜发短信说辞职，她最近做事勤快得像超人，其中说不定有变故。你检查下数据库，看看有没有人动过？"

一定不是真的！

叶禾习惯将签字笔放在开机键上，现在，开机键边上的签字笔已经滑落到水杯边。这说明电脑被人动过了，还好，数据库里的东西没有丢。

裴源靠在叶禾身边，一股淡淡的茉莉花香气弥散在四周。虽然已经四十开外，但他一脸充溢的神采，遮盖住了岁月痕迹。如果不是靠得这么近，叶禾几乎发现不了裴源眼角上那几道淡淡的皱纹。

琳达整天跟这样男人味充足的人一起工作，难道不会动心吗？叶禾大脑短路，似乎看见琳达一脸花痴地望着裴源。

"小叶，不错，你果然青出于蓝而胜于蓝，琳达教了你这么久，你幸好有点戒心！"裴源拍拍叶禾的肩，松了口气。

保护公司机密有功，裴源提拔叶禾当了实习助理。

短短两个月，居然从小小的销售部文员，升职成为总经理实习助理。叶禾像坐了直升飞机，她有点晕机了。

/ 保护好自己的利用价值 /

革命者酒吧。

震耳欲聋的音乐，疯狂摇摆的人群。叶禾从舞池里将琳达捞出来，拉到大街上。这完全不是她认识的琳达，舞姿妖娆，举止轻佻，再也不是她熟知的那位优雅女子。是因为辞职还是因为裴源？直觉告诉叶禾，也许后者占据了绝大可能性。

"裴源这个王八蛋，一直就是利用我！利用我！"琳达举着酒瓶哀号。

叶禾用尽力气，将琳达塞进车里，带她回家。

琳达叫嚷着，翻冰箱找酒喝。叶禾煮了醒酒汤，被打翻在地。

"我讨厌你这样好心肠的样子！叶禾，你就是咬死农夫的毒蛇！"

叶禾默默拾起碎片，将地板拖干净。琳达彻底酒醒，不安地看着忙来忙去的叶禾，低声轻泣："我不想针对你，真的！起码，最开始，真的是因为你身上有我当年的影子。"

琳达双手抱腿，将叶禾不知道的内幕从容道来。

她说，有一天，裴源收到叶禾提交的工作邮件。那一封，是销售信息汇总。明明是她帮着做完的，裴源自己也心知肚明，但是，职员大会上，他却只夸叶禾，一点也不提及她的功劳。她心有不甘，这些年，都是她帮他打理公司上下，他深知她用情至深，却一次次开空头支票。她决定反击，想利用帮叶禾的机会，搜集机密，快速离职，到早已向她伸出橄榄枝的对手公司上班。她没想到，看上去呆头呆脑的叶禾，居然也会留一手。事情迟早会败露，她深夜发信息给裴源辞职，而他的第一反应，居然不是问她辞职原因，而是去公司查看有没有资料被盗。

"于他而言，我只是一个可以利用的工具！"琳达将头深深埋在臂弯里，双肩颤动。

叶禾心底一凉，自己也可能被裴源利用了。

"叶禾，不要太傻，将自己全盘托出只有死路一条。记住了，永远保护好自己的利用价值。能够增值，固然最好，如果不能，记得保护好自己。"这是琳达给叶禾上的第二课。

多年以后，叶禾仍然记得这个夜晚。缩在沙发里的琳达，失去在办公室游弋的光泽，眼睛里，仅有后悔和愤恨。她总会幻想，如果琳达的顶头上司不是裴源，自己还会有机会当上实习助理吗？也许会，只是，不可能如此神速。

/ 工作狂的代价 /

也许，是琳达故意丑化裴源在自己心中的形象。叶禾成为他的实习助理之后，并没有发现这个男人有什么勾女高招。当然，他可能对自己并不感兴趣。

有时候，叶禾会趁着让裴源签字的时候，俯身下来，轻轻嗅着他身上散发出来的茉莉花香。裴源对茉莉花有一种特别的钟爱，叶禾在他的办公室似乎没有闻到别的香味。

他是一个用情专一的男人吗？

透过办公室的磨砂玻璃，叶禾只要一抬头，就会看见裴源来回踱步，一副陷入深思的样子。

小叶，中午陪我出去吃个饭！

裴源的口气，几乎是不容置疑的。叶禾以为是公差，跟着裴源七拐八弯到了目的地，却是一家路边摊。裴源吃得很欢，一连两碗麻辣烫下肚，还帮叶禾叫了一碗毛血旺。叶禾不明白，陪总经理吃午饭，也是工作内容之一？没等她问，裴源指了指不远处，示意让她看。

琳达，手挽着一位西装革履的中年男子，钻进一辆路虎，疾驰而去。

看样子，她和那位中年人至少处于热恋中，二人亲昵无比。

"小叶，琳达先前跟你说的那些话，你现在觉得可信吗？"裴源敲敲桌子，眼睛直直盯着叶禾，看得她浑身不自在，"从今天开始，叶禾，你得记住，工作是不讲感情的。只有将私人感情与工作彻底分离，你才会主宰你的职场。不管你怎么想，反正我一开始就觉得，你是那种想自己掌控局势的人！所以，屏蔽眼睛，关闭耳朵，拿出你的理性来！"

屏蔽眼睛，关闭耳朵！裴源果然不是正常人！

饭局后，裴源跟叶禾提了要求：尽量用阿拉伯数字来汇报工作，不准用"我觉得""我认为"这样自我意识特别强烈的词语介入工作。

跟着魔鬼工作，叶禾也渐渐入魔。

时间流转，春去秋来。叶禾觉得，她再也不是当初懵懵懂懂的叶禾了。告别了当初热血乱撞的那个青涩女生，叶禾越来越像女版裴源，沉着、冷静、果敢。当然，也如裴源一般，除了工作，再无其他。

一天，叶禾在大街上遇见琳达。几年不见，琳达的脾性倒是越来越温润，当然，令她更加温柔的，是已经高高隆起的腹部。琳达快要做妈妈了，孩子的爸爸就是当年叶禾在路边摊看见的那个中年男子。

"恭喜你，叶禾，你如愿以偿，坐稳了总经理助理的职位，感觉如何？"琳达笑笑，大有相逢一笑泯恩仇的意思。

叶禾并未将她当作牢牢刻在心里的仇人，相反，她对琳达一直深怀感激："琳达，我得纠正一下，我现在是销售部副总！嘿嘿，恭喜你要当妈妈了！"

琳达毫不介意。是啊，有谁比得上肚子里的小小婴孩重要呢！叶禾不知道，自己要等待多久，才会遇见生命中的另一半。更不知道，什么时候，才会拥有自己的血脉，让生命得以延续。《围城》说，婚姻就如一座城，里面的人想冲出去，外面的人想冲进来。其实，世间一切诱惑，难道不都如此吗？

叶禾突然觉得，特别累。

"琳达，据说，这世上有一种没有脚的小鸟，它一生都在飞行，即使困了、累了，也只会在风中睡去。它们一生中，只有一次降落的机会，那就是死亡。现在，我觉得我就像没有脚的小鸟，整日疲于奔命。"

琳达愣了愣，"职业倦怠症吧。叶禾，休息一段时间。去想一想自己真正想做什么，想成为怎么样的自己，再毅然前行。其实，我很感激当初被迫离职，现在的生活，才是我真正想要的！"

是啊，真得好好休息一下了。穿过来来往往的人群，叶禾看见，街对面，有一对卖糖葫芦的夫妻。不知道男子讲了什么可心的话，衣着朴素的女子笑得格外开怀，似乎要将蓄积一冬的冰雪融化。

叶禾的心，莫名地被触动。平凡的生活，触手可及的温暖，不也挺好吗？

/ 找到自己的坐标轴 /

跟裴源请了假，叶禾回到老家当起了厨娘。

每天一大早，采购大包小包的食材，在厨房乒乒乓乓忙碌出一桌子饭菜。叶禾的爸妈，很久没有见到女儿如此悠闲，乐呵得合不拢嘴。

清晨，被鸡鸣吵醒，迎着朝霞起床；晚上，闻着绵绵青草香，伴着星光入梦。夜里，时不时传来几声狗叫，回响在寂静的山野中，格外悠长。叶禾有点乐不思蜀了，如果不是裴源的催命电话打个不停，她都想不起来假期早已结束。

半岛咖啡。

裴源不停地搅动着汤匙，"叶禾，你想怎么样？现在的职位，一路走来可不容易。你可不是我轻易放弃的人！"

"裴总，我只是去找人生的坐标抽。前段时间，我见到琳达了，她过得很幸福。"

叶禾告诉裴源，她到公司已经七年。婚姻里有七年之痒，也许，她现在正为与工作结下的这段缘痒得厉害。工作可以带给她空前的满足感和征服感，可是却无法给她一个理想的伴侣、一场幸福的婚姻。

"我想停下来，想去寻找人生的另一半。"叶禾直言不讳。她不知道，是不是所有的职场大龄单身女性，对幸福的渴求都如自己这般浓烈。

裴源哈哈大笑，桌子仿佛剧烈摇晃起来。叶禾不解，她又没有说什么可笑的话。

"另一半？远在天边，近在眼前啊！"裴源的笑容里，藏着令人难以捉摸的深意，"叶禾，来一段办公室恋情怎么样，就你和我？"

什么！

这些年，或许在某一个时候，某一个空闲，或许每一天都是如此。总之，叶禾已经习惯，透过磨砂玻璃偷偷注视裴源，不过，她从来没有想过，有一天，他和她有紧握双手的可能。当初，琳达的那番话让她学会将爱意深深隐藏。她害怕，一不小心流露，会被裴源算计到一无所有。工作，可以从头再来；感情，却不会再是一张白纸。

"裴总，你是跟我开玩笑的吧？"叶禾不相信。

"其实，这件事我想了很久了。叶禾，我们在一起共事这么多年，你握笔的姿势，喝水的样子、走路的声音，我都一清二楚。最开始，我以为是太过熟悉的缘故。你请假回老家之后，看不到你忙得团团转的模样，我才发现，这不是熟悉，是我早已将你烙印在心里了。再者，你是我一手培养起来的，放你走，我最亏。所以，哈哈，答应我吧！"

裴源从来不做赔本生意，叶禾早在他的计划之中！

成功男人的背后有一个伟大的女人。但是，人们往往忘记，成功女人的背后，也有一个成功的男人。如果他是怯懦的，怎么会给女人强大的依靠，怎么会成为她有力的支撑！只有当两个强大的个体碰撞在一起，才会融合成新的磁场。

叶禾这样想着，终于伸过手去，迎着裴源炙热的目光，定定地握住他的手。

第十辑
来点糖，来点盐，
来点芝麻酱

有了情人的愚人节

四月一日，传说中的愚人节不知道为什么变了味儿，居然成了赤裸裸的情人节！要不要这么没有节操，还让单身男女们怎么活！

据说，隔壁办公室的小张已经准备了一束蓝色妖姬，想跟垂涎已久的前台美眉表白。呵呵，有好戏看了。唉，也不知道我的单身终结者，还在哪疙瘩蹦跶着。亲爱的，你可别迷了路，我只能指望你快点出现，最好身负煮饭、挣钱、养孩子等十八般武艺。至于我呢，就负责美貌如花吧！

唉！没人追，没人疼，看着那一束蓝色妖姬我哈喇子流一地。都是钱啊，追个女朋友，至于这么大动静儿吗？

没多会，财务室阿兰跑进来，嚷嚷一通。哈哈，可怜的小张，前台美眉是那么好搞定的吗！看来一束蓝色妖姬打不动美女的心！

"我就说嘛，还是我们这样的平凡而安静的'女纸'，最有内涵，小张真是有眼无珠！"阿兰临走前，无不遗憾地感叹，那情形，只要小张把花交给她，她就是他的人了，甚至没有那束花也可以！

同是天涯恨嫁女！我拼命点头，非常赞同阿兰这番话。

网上有一条新闻，说现在男女比例严重失调，十个适婚男人当中，就有三个找不到老婆。

对嘛，我就听说没有嫁不出去的女人，只有娶不到媳妇的男人！可是，专家们是不是靠梦游得出来的结论呢。为什么，我认识的女孩当中，大部分都找不到合适的对象！

我们一不傲娇，二不懒惰，三不贪财，除了长得不太出众外，至少卸妆之后看得出是同一个人。可是，为什么就没有男生追求呢？颜值，就那么重要吗？

我满怀期待，将这段感慨发给凌佑佳。他，整个儿一个未来家庭煮夫样儿，肯定能够理解我内心的咆哮。

结果，这尊神不晓得今天被谁愚弄了，还是神经错乱，居然给我回复说，第四，你们年纪大！

"哼哼，年纪大！什么是年纪大！人家姜太公八十岁才开始当公务员，孙悟空五百岁才取得真经！白素贞一千岁才下山谈恋爱！你凭什么说我年纪大！"我上百度抄一段话，赶紧回击。

"请问，你是凡人还是妖精？刘贝贝，神经搭错线不要紧，有病赶紧治！"

"凌佑佳，你讲话不过脑子。今晚，等着睡大街吧！"我必须得出出这口恶气，反正房子钥匙在我手中。虽然当初是凌佑佳答应将他的小两室分出一间租给我，但如今我掌握了主动权，谁让他一直不喜欢带钥匙呢！

下班回家，凌佑佳还没出现。不过，满桌子菜是怎么回事！居然还有我最喜欢吃的红烧肉。不管了，吃饭要紧！

刚夹住一块香喷喷的红烧肉，瘟神凌佑佳及时出现，一筷子抢了过去，"吃吃吃！再吃胖成球了！"

我赶紧麻利地夹起另一块。嘿嘿，跟我比速度，差远了！

凌佑佳居然没跟我抢，转身从厨房端出一锅乌鸡汤。

"今天是什么日子，过年吗？"不过，凌佑佳的厨艺，真的进步神速。想当初，他连米饭都蒸不熟。如今，在我的调教下，已经能做出一桌子像样的饭菜了。

凌佑佳盛了一碗鸡汤，推到我面前："贝贝，你真的很想嫁吗？"

"当然，我做梦都想摆脱单身。我已经29岁了呀，再嫁不出去，我要被人民群众以危害公共安全罪抓起来了。真的，我已经被七大姑们逼疯了，再不谈恋爱，我真担心我会做出危害社会的事情来。比如，顺拐个小正太啥的！"

凌佑佳白了我一眼，"29岁也还好啦。北上广一大堆30以上单身女青年呢！"

"你去跟我家里还有隔壁邻居说去。她们已经逼婚上瘾了！"凌佑佳能说得动这一帮人吗？简直是鸡蛋碰石头！不知道什么时候起，谈恋爱、结婚已经成了我家的主流话题。每次一打电话，老妈总是叫嚷嚷，说我不孝顺，这么大年纪还没让她抱上外孙。

"贝贝，要不，咱俩试试谈朋友吧！反正你也单着，我也单着。这样一来，不就救了你的急，堵上别人的嘴了吗？"凌佑佳冷不丁的，抛出来这么一句。

哎哟！我先前已经把认识的男性搜罗个遍，单身的比四叶草还难找，当时怎么就忽略了凌佑佳呢！可是，他是可怜我吗？凌佑佳曾经被前女友伤到骨子里，发誓说，要单身一辈子了。

"凌佑佳，我就算找不到男朋友，活该做孤家寡人，也不要你可怜。"

凌佑佳跳过来，弓着腰，"贝贝，我是认真的，要不我们试试吧。我早就想开始一段新感情了,只是,担心没准备好。有你在,我有信心!"

不对!今天是愚人节!

"说,是不是拿我开玩笑?"这个凌佑佳,还真是狡猾!真不该把白天小张求爱的事告诉他,他居然有样学样。

"贝贝,我认真的!我煮了这么多菜,难道还没有诚意吗?"凌佑佳来回搓着手,一副小媳妇儿的委屈小样。

我的心情也很沉重。凌佑佳是我大学同学,毕业后又租住在一起,别提多熟悉了。现在,突然要成为男女朋友,一时之间,真有点不太适应。

"凌佑佳,我们该怎么开始谈恋爱呢?"我喝完鸡汤,眼巴巴看着他。反正他初恋四年,经验充足,总比我这个毫无恋爱经历的新手强一点吧。

凌佑佳熟练地收拾碗筷,略略沉思后故作深沉道:"首先,你不要再喊我的名字。我们是男女朋友了,给我起个昵称啊。"

"好吧,亲爱的小凌子!"

"凌子可以,把'小'字去掉,好歹我也三十而立了!"

看着凌佑佳在厨房收拾锅灶的勤快样子,我的脑子里冒出来一个奇怪的想法:跟了凌佑佳这样的家庭妇男,其实也不错!

/ 左手跟右手的恋爱 /

突然之间，室友变成男朋友，我还真有点难以接受。比如说第二天早上，凌佑佳一改平时跟我抢油条的凶狠劲儿，主动将两根亮澄澄的油条放在我面前，我顿然觉得早饭都没有了乐趣。

是我一向以跟他斗狠较劲为乐了吗？还是我天生受虐的命？温情款款的凌佑佳，怎么看，怎么古怪。

"那个，凌子，能不能用正常点的眼光看我。你今天很怪耶！"

"那是因为，我今天终于发现，我家贝贝原来是素颜女神！你不化妆的样子，真的素净迷人！"凌佑佳的眼睛里，快要冒出火来，油光光的嘴唇已经凑上来。

天！我盯着他一副陶醉的样子，心跳如打鼓，终于狠狠一脚，将他踢倒在地。

谈个恋爱怎么这样麻烦！我都不知道手该放哪里才好。

凌佑佳一瘸一拐走过来，"贝贝，你施暴之前，能不能给个暗示?"

我讪讪地笑，"真的很不习惯跟你谈恋爱的感觉。唉，凌佑佳，我们俩真的不太搭啊！"

凌佑佳居然小鸡啄米一般点头同意："我也这么觉得。不如，我们今天约会吧，像国外电影里那样，盛装出席，找找怦然心动的感觉！"

好主意！

下班后，我穿了一件米白色短裙，来到电影院门口。凌佑佳说，我们可以从看电影开始。昏暗的灯光，屏幕上深情拥吻的男女主角，煽情的音乐，这些肯定是培养感情的最佳诱因。

凌佑佳居然穿了西装！

"哈哈，真是有模有样！"我上前，在他胸前拍了拍。

凌佑佳一本正经："能不能进入恋爱状态？刘贝贝小姐，请你优雅矜持一点！"

不得不说，西装笔挺的凌佑佳，成熟稳重的大叔气质浑然天成，引得四周的小姑娘偷偷直瞄。如果不是我立在他身边，估计早就有胆子大的小女生上前跟他套近乎了。凌佑佳，居然还是个抢手货！

"凌子，你帅得这么明显，衬得我老气横秋！"我贴着他的耳朵，故意哈气。凌佑佳怕痒，捉住我的手，像押犯人一样反手牵着我。

分明，我听见有几个小丫头嘀咕道：

"这么大人了，谈个恋爱还这样装嫩！"

凌佑佳也听见了，但是他居然毫无反应，推着我快步走进放映厅。

哼！男朋友不就应该在女朋友受欺负时挺身而出吗？凌佑佳，你居然胳膊肘儿往外拐！不过，我怎么这样生气呢？真的是以女朋友的名义在吃醋？

凌佑佳尽管已经将我的小情绪尽收眼底，仍然有滋有味吃着爆米花。算了，我这个男朋友，就是一挡箭牌，只需要在关键时刻堵住家里人的嘴。现在嘛，当然是凑一起消磨时间。

电影是《致我们终将逝去的青春》,凌佑佳选的。

情节很老套。校园里的爱情,无外乎男追女、女追男、暗恋、背叛、堕胎。毕业,将青春封印在老照片里,爱情,自然曲终人散。无论是执着坚持的郑微,还是温柔迷人的阮莞,或者物质现实的黎维娟,她们最后都没有等到幸福结局。

唯一让我触动的,是礼堂里,郑微跳上舞台,高唱《红日》。

我的大学生活,简单枯燥,既没有被人疯狂追求,也没有对谁思慕成灾。四年,风平浪静地走过,我甚至找不到一段往事用来缅怀青春。凌佑佳不一样,大学,给了他最美好的初恋。想来,他感情里最珍贵的那部分,已经在毕业分手时节被永远埋葬。

所以,他不会再动心了吧?对我,也许真的只是同情?

坐在身侧的凌佑佳,面无表情。难道,他对屏幕上已经沸腾的歌唱毫无感觉吗?

顺着幽暗的光线看过去,凌佑佳略显沧桑的侧脸,似乎挂着一道亮晶晶的泪痕。伸手一摸,他果然落泪了。

"凌子,悼念青春呢!"

凌佑佳及时抹了把脸,拉着我走出电影院。被往事打回原形的凌佑佳,让人觉得陌生。如果是这样,往事深入骨髓,他为何不费尽心思将前女友追回来?

凌佑佳不说话,拉着我直奔火锅店,"贝贝,来,我们得大吃一顿,结束今天蹩脚的约会!"

吃!涮羊肉可是我的最爱!一连吃了五盘羊肉,喝下三瓶啤酒。肚子圆滚滚,幸好还有凌佑佳,如果他不在身边,我都不知道怎么从火锅店走出去。

　　路灯下，凌佑佳的脸染上一层特别的温柔，挺拔的身姿，散发着浓郁的男人气息，看得我心驰神往。只是，靠在他的肩膀上，却像依偎着老朋友，心跳不紧不慢。我都喝酒了，居然还没什么反应。

　　刘贝贝啊，刘贝贝，歇菜吧，你跟凌佑佳这场恋爱，就像左手拉右手，早就没有心动的感觉了！

　　我心底一凉，双腿发软，彻底晕了过去。

/ 糖和盐，孰胜孰败 /

　　我居然发高烧生病了！

　　凌佑佳驮着我去医院打点滴，说让我安心躺着，他出去给我买一份鸡粥。回来时，凌佑佳不仅带着香气四溢的鸡粥，身后还跟着一位身材高挑的美女。直觉告诉我，凌佑佳念念不忘的前女友，杀回来了。

　　没等凌佑佳介绍，美女面带春风，径直坐到床边。几乎同时，我拿起了床头灌满开水的杯子。甭管你是什么绝世美女，现在，我才是凌佑佳的主，想动他，我一杯开水灭了你！

　　凌佑佳倒是很快读懂了我的心思，欺负我生病无力，一下子拿走我寄托满怀希望的水杯，故作关切："贝贝，水太烫，我去倒点温水给你！"一眨眼，凌佑佳猴子一般窜了出去。

扯淡！开水处还能倒出温开水来！凌佑佳，等我病好了，有的是机会收拾你！不过，眼前的这位美女，到底是想干什么呢。她这么直勾勾地看着我，我要是一男人，小心脏早就扑通扑通乱跳了。

"你就是佑佳的女朋友吧，我是他以前的女朋友，吴珊珊。哦，你不要误会，我是去他公司，打听到他在医院，以为他生病了，就顺道过来看看。"吴珊珊以为能自圆其说，但是她看凌佑佳的眼神，处处暗示说，亲爱的，我们破镜重圆吧！

哼！想得真美！当初，你为了跟有钱人过上奢华生活，果断踢开凌佑佳，现在又抽什么风，跑回来跟他示好！凌佑佳，可不是你想丢就丢、想捡就捡的玩偶。我按捺不住，决定在凌佑佳回来前，撵走这个碍眼的吴珊珊："你打什么主意别以为我不知道！日子过得不顺了，被有钱人抛弃了，现在想起凌佑佳的好，打算奔过来跟人家旧梦重温？可惜，凌佑佳已经找到他人生的幸福了。你如果爱他，就尊重他的选择，赶紧从这里出去，别让回忆扯痛他！"

吴珊珊不紧不慢，居然从床头拿起一个苹果吃起来："贝贝，你果然是个有话直说的人！怪不得一根筋的凌佑佳会看上你！其实，对于凌佑佳来说，你就像这个苹果，有点甜，他苦了太久，是需要吃一点糖。而我却是他生命里不可缺失的盐，是他最重要的养分。没有我，想必你也清楚，这几年，凌佑佳过得并不快乐！"

"但是，他现在已经走出来，你还要将他拉回去？"我语尽词穷，平时利落的舌头居然在关键时刻磕磕巴巴。谁让我一向不懂得厨房里的瓶瓶罐罐，找不到合适的调料来回击！

不知什么时候，凌佑佳站在吴珊珊身后。一晃眼，我居然觉得他俩是绝佳搭配。兴许是生病的缘故，神经变得格外脆弱，眼看着已经盛在碗里的凌佑佳快要被前女友拐回去，我的眼泪吧嗒吧嗒往下掉。

吴珊珊一瞬间变成小白兔，"佑佳，我没有故意气她。真的，生病的人本来情绪就不太稳定！"

凌佑佳一脸阴沉，推着吴珊珊出去。两人在门外，不晓得叽咕些什么。总之，没一会儿，凌佑佳一个人回到病房。

"贝贝，她说想跟我复合！"凌佑佳沉默良久，抛出这么一句。

算了，反正我跟凌佑佳才开始两天，感情不深，要打回老朋友的原型，大概也不太难。也许，真的像吴珊珊说的那样，我只是偶尔调味的糖，她才是凌佑佳生命里不可缺少的盐。看在凌佑佳毕业以来一直照顾我的份儿上，我希望他获得幸福。

"凌佑佳，你心里其实也盼望着这一天，对不对？"

凌佑佳伸手想摸摸我的头发，我却本能地避开了。他双手抱头，声音低得像蚊子嗡嗡叫："贝贝，实话说，我一直梦想有一天，珊珊找我复合。而愚人节这天，我想，已经过去七年了，是该跟她说再见的时候了。我是个专情的人，一段情想彻底忘记，并不容易。但是，我既然要你做我的女朋友，就断了任何复合的念头。贝贝，忘记初恋，绝对需要很长一段时间。但是，我现在真的只认定了你！"

我能敌得过凌佑佳那些美好的记忆吗？

不能，谁也无法替代。第一次牵手时的兴奋，第一次拥吻时的紧张，纯纯的初恋，后来者只能望而兴叹。

"可是，吴珊珊说了，她是你的盐，我是你的糖。她是必须的，我只是调剂品！"

凌佑佳伸过胳膊，将我揽在怀里："从现在开始，你既是我的糖，又是我的盐！谁能像你这样，顽固地在我的生活里扎根七年呢！贝贝，也许，我们的缘分早就开始了。只是，太过熟悉，让我们选择了视而不见！"

"真的吗？又甜又咸，你不嫌难吃吗？"我无法理解，将糖和盐拌在一起吃的人，是什么怪口味！难不成我生性如此变态，凌佑佳已经找不到合适的形容词来跟我匹配？

算了，我懒得纠结，靠在凌佑佳的肩膀上，吃完他带来的鸡粥。嘿嘿，怎么说来着，谈恋爱的感觉还是相当不错，起码有人肉靠垫！

/ 打翻一罐芝麻酱 /

吴珊珊登门纠缠过几次，好在，凌佑佳立场坚定，没有被她拐走。

让过去真正过去，才能迎接美好未来。每一次，凌佑佳听着吴珊珊渐渐远去的高跟鞋声，如释重负，用这句话勉励自己。

有时候，我忍不住想问他，到底有没有将吴珊珊从心底撵走，我在他心里的居住面积有多大。不过，左思右想，我决定让凌佑佳自己作决定。

反正，他人是我的。心嘛，早晚也是我的！与其跟他的恋爱史较劲，不如将眼光放长远一点，多多畅想两人今后的美好生活。

跟凌佑佳过了大半年的养猪生活，我已经渐渐适应老友变男友的基本事实，再也不会出现一脚将凌佑佳踢翻的意外状况。时间就是这么神奇的一件法宝，从愚人节那天起，当凌佑佳摇身一变成为我的男朋友之后，渐渐地，我发现，依赖疯狂滋长。公司安排出差两个星期，我天天跟凌佑佳煲电话粥，常常说着说着进入梦乡。心，早已长出翅膀，飞到凌佑佳身旁。

天晓得，我有多思念他做的红烧肉！

出差结束即将返程的那天晚上，我特定叮嘱凌佑佳，一定要烧一碗红烧肉，祭祭刮不出一滴油的五脏庙。视频那头，凌佑佳穿着熊猫睡衣，憨态可掬，令我归心似箭。

等不及早上的火车，我改签车次，颠簸大半夜，回到朝思暮想的家。路上，我想起朋友圈流传的段子，说半夜里最好不要去男朋友家，小心惊喜变惊吓，万一捉奸在床，该多尴尬。要不要吵醒熟睡中的凌佑佳呢？还是来个突然袭击，检查下他的忠贞情况？人性本恶的念头控制了神经，我决定不告诉凌佑佳。万一发现他有不良行径，我好及时悬崖勒马。一场伤心总好过一次欺骗！

轻手轻脚开了门，餐桌上，放着几道凌佑佳的拿手菜。明显是两个人就餐，一只高脚杯还留着口红印，鲜艳欲滴，如肆意张扬的旗帜。吴珊珊来过了！如果不是她，我实在想不出凌佑佳还有别的情感纠葛。

强压着愤怒走进凌佑佳卧室，他睡得死猪一般，浑身散发着一股油烟味儿。枕边，手机屏幕一闪一闪。密码是我早就知道的。打开一看，全是吴珊珊发来的短信。

"佑佳，见我最后一面，好吗？真的，我保证从此之后，再也不来纠缠你。"

"佑佳，我哪里不好？当年，你承诺说一辈子守护我！现在，我站在你面前，你居然不为所动。凌佑佳，开门，我知道不该挑逗你，可是你把我这样撵出去，大晚上的，不担心吗？"

二十几通未接来电，吴珊珊可真够执着！估计，大概的情节是，凌佑佳这个软蛋，居然被吴珊珊花言巧语蒙骗，放她进门。俩人举杯共饮，回想往事。吴珊珊趁机揩油，被凌佑佳赶了出去。

压制的怒火已经消散，心里升起莫名的小感动。

"亲爱的，我回来了！"刚被我吵醒的凌佑佳，揉着朦胧睡眼，将我紧紧抱住，勒得我骨头发麻。

"贝贝，今天吴珊珊求我无论如何见一面，好让她彻底死心。好吧，我一时心软开了门，还给她做了饭。她说，她想清楚了，以后各走各路，再也不骚扰我。我一激动，喝下酒，但是觉得很不对劲，赶紧将她撵了出去。贝贝，我想好了，以后再也不心软了。吴珊珊，已经彻底将我的回忆抹黑了。"

我挣脱凌佑佳的双臂，站起来打了个哈欠："我饿了，弄点吃的吧！"

凌佑佳如得圣谕，他溜进厨房，很快端上来一碗热气腾腾的面条，一旁还放着我喜欢吃的芝麻酱。

手一抖，芝麻酱瓶子被打翻，浓郁的芳香沁入心脾。

凌佑佳小心翼翼，收拾残局。我用芝麻酱拌着面，吃得满头大汗。

"贝贝，你不生气吗？"

谁没有珍贵如金的青葱岁月？凌佑佳跟吴珊珊之间，分手早成定局。即使偶尔被回忆触动，也无法再现当初的良辰美景。所以，我为什么要生气？芝麻酱这么香，像凌佑佳这样痴情的人，好不容易被我捞着，为什么要粗暴地往外推？

"我喜欢跟你在一起，凌佑佳！所以，这些小儿科，不足以推翻我对你的信任。生活不就是磕磕碰碰吗？偶尔犯点小错误，不值得将你革职查办啊！"

凌佑佳疯子一般，将我举起来，晃得我分不清东南西北，"贝贝，我先前说，你是让我开心的糖、让我离不开的盐。今天，我觉得你还是无比香甜的芝麻酱！"

"凌佑佳！你能不能来点高雅的！我就不能是皎洁的月光、娇艳的玫瑰吗？"我敲敲凌佑佳的脑袋，真是！在家庭煮夫的眼里，就拿不出高明的比喻！

凌佑佳抓抓头发，双手一摊，"没办法，跟油盐酱醋待久了，思维都短路了！"

虽然，我的初恋不如凌佑佳那般生动美好。但这样俗世烟火的感觉，更能走向幸福结局。所以，管他用什么样的比喻呢！

我依偎在凌佑佳的怀里，望着窗外闪烁的灯光，安然入梦！

第十一辑
守护者

/ 天生的恩怨 /

满月酒,李筱然将睡得香甜的小妞妞裹起来,抱给亲戚们观瞧。

人多嘴杂,有一个不开眼的,瞧着小妞妞肉嘟嘟的可爱模样,笑眯了眼建议:"小李,这孩子长得真是好看。一个孩子挺孤单的,再养一个吧,凑成一个'好'字!"

婆婆听了,随口附和:"是啊,多子多福,儿女双全最好。筱然,身体调养好了,准备生二胎吧!"

莫名地,李筱然内心腾起火苗,抱着孩子进了屋,任谁叫都不开门。

如果生命可以重来一次,如果她能有机会重新选择,她,李筱然,绝对不会做李家女儿,更不愿成为李筱铭的姐姐!时间不会给人第二次机会,李筱然绝对不让痛苦在自己的女儿身上重演。这襁褓中的小婴儿,只能是她的唯一。

李筱然怎会忘记那一刻!

妈妈挺着滚圆滚圆的肚子,邻居阿姨笑嘻嘻地对她说:"筱然,你妈妈要生弟弟了。妈妈有了弟弟,就不会爱你了!"

仅仅六岁的筱然,无助地望着妈妈。她想确定,阿姨说的这一切只不过是玩笑。大人们就是喜欢这样逗孩子嘛！眼巴巴期待着，妈妈却赞同邻居阿姨的话："是啊，筱然，妈妈有了弟弟，他很小，妈妈当然要更爱他多一些！"

时隔多年，李筱然依然记得妈妈说这几句话时，轻轻抚摸肚子的温柔模样。她的妈妈，将家庭地位赌在这未知性别的胎儿身上，一口咬定是男孩。如果当初，妈妈说，她爱弟弟，但是也依然爱她。那，她跟李筱铭之间的恩怨，是不是就会一笔勾销呢？

从来都没这么简单！

她和他，还没见面，敌对关系却无比鲜明。李筱然握起小小的拳头，发誓要争取自己应得的那一份公平的爱！从小斗到大，筱铭在父母羽翼的保护下处处与她作对，次次占理。争论还没开始，就以"你是姐姐，应该谦让"结束。

总之，现在，她有了自己的家，终于从那个处处以李筱铭为先的家庭脱离出来。所以，不管李筱铭在门外怎样叫喊，她都懒得出去。他准是听了婆婆的话，来劝她生二胎的。

人不能在第一次跌倒的地方再跌倒一次！

襁褓中的婴儿，从睡梦中苏醒，对着李筱然，挥舞粉嘟嘟的小手。她的心融化得成了春日里和煦的阳光：亲爱的宝贝，我，李筱然，会用毕生时光，为你撑起爱的天堂！

/ 谁也不是谁的红绿灯 /

歌剧院，身着燕尾服的男子拉着小提琴，琴声如潺潺流水从舞台流淌下来。

李筱然最喜欢这首曲子——《卡农》。

第一次听时，在高中。她和同桌阿哲，爬上教学楼的天台。阿哲站在斑驳的水泥地上，屏息凝神，用小提琴拉起《卡农》。那时，李筱然只是个刚刚涉猎文学的单纯女生。音乐响起，放飞的思绪越过成堆的书本，压过激烈挣扎的拒绝。李筱然陶醉了，她有什么理由拒绝阿哲的求爱呢！

从此，天台就成了李筱然和阿哲的幽会圣地。只要一有闲暇，她就跟阿哲抱着小说来到天台，谈天说地。情感的种子悄悄发芽，学习不再是李筱然生活的全部。原本单调的色彩里，阿哲挤进来，抹上彩虹般绚烂的一笔，李筱然平静的心，被投进了一块大石头，涟漪阵阵。

期中考成绩单下来，李筱然和阿哲排名双双下降。一直傲居前五名的李筱然，居然还没进入前二十。

请家长！

班主任拿出撒手锏。

李筱然知道，如果妈妈前来，肯定回家后是一顿责骂。厚着脸皮，李筱然用一盒周杰伦的原装磁带做报酬，请李筱铭帮自己作假，骗班主任说爸妈在外出差，暂时回不了家。

李筱铭出奇配合，不但没要磁带，还拿出零花钱买了几包辣条塞给她。

这个从来只会抬杠的弟弟，也许真是良心发现吧。李筱然高兴得忘乎所以，跑到天台找阿哲。

通往天台的铁门已经上了锁，她转身下楼梯，在拐角处看见了李筱铭。

"听见了吧，以后不许缠着我姐，你要是敢去，被我知道了，见一次我打你一次！我姐姐是要考大学的，你玩音乐，别把她给害了！"

墙角里，阿哲抱头蹲着，胳膊上有几道明显瘀痕。文质彬彬的阿哲哪里是李筱铭的对手。居然又被这个混小子给耍了！李筱然气愤不已，阿哲却拉着她的手，摆摆手说，算了！

不知道李筱铭还跟阿哲说了什么。之后，阿哲跟老师申请调了座位。第二排和最后一排，小纸条传不过去。李筱然跟阿哲最终默默分手。后来她考上大学，阿哲去了音乐学院。

时光荏苒，李筱然已经为人妻，为人母。而架着小提琴的阿哲，却是她青春岁月里最深的一道痕迹。她没有想到，有一天，阿哲找到她的QQ号，并对她说，然然，来看我演出吧，有你最爱听的《卡农》。

一个是成熟的年轻母亲，一个是成名的小提琴师。李筱然想，去去也无妨，权当给青春的墓碑献上一束鲜花。

偌大的舞台上，阿哲一如当年，站得笔挺。他拿小提琴的姿势，丝毫未变。婉转的曲风一变，激昂的旋律响起，铿锵有力，诉说着李筱然的悠悠往事。浓情蜜意被弟弟横加阻拦，她躲在被子里偷偷哭泣。无数次，她故意迟到，只为站在高高的讲台上，看一看躲在最后一排的阿哲。毕业时，她去了天台，带了一罐啤酒，喝光了，躺在阿哲曾经站过的地方，放声哭泣。

一幕幕，泛黄的记忆清晰起来。

李筱然的脸上，两道泪痕划过精致的妆容。身后，熟悉的手递过来一张纸巾。李筱铭似笑非笑的脸，看起来格外令人生厌。

"姐，偷偷溜出来参加老情人的音乐会。小心我告诉姐夫！"

还是这样。

每次她有风吹草动，他就跟狗一样屁颠屁颠跟在后面。当年，如果没有这个好心办坏事的弟弟，她现在，应该跟阿哲幸福地站在一起！

李筱然被弟弟拉着出了歌剧院，她最爱的《卡农》都还没听完！

"告诉你，李筱铭，我跟你势不两立！"

"我是为你好！旧情复燃一点就着，东窗事发，阿哲肯定跟当年一样，软蛋！溜得比兔子还快！"李筱铭那副嘴脸，就像训斥被嫁出去的女儿。

"李筱铭，谁也不是谁的红绿灯。我的人生，不用你来告诉我怎么走！"李筱然转身就走，哭得已经双眼红肿。她怎么这么倒霉，摊上这样一个喜欢大包大揽的弟弟！

/ 别怕，有我呢 /

周末，难得的相聚时光。老公秦川出差归来，李筱铭凑热闹，买了一堆菜，说自带口粮蹭饭。

婆婆和秦川一起下厨，李筱铭抱着小妞妞，跟李筱然有一搭没一搭地闲聊。音乐会事件后，她已经懒得搭理这个总喜欢无事献殷勤的弟弟。

秦川的手机，放在茶几上，屏幕黑了又亮。李筱然点开一看，微信里，清一色三点图片。秦川从来不跟她说那些肉麻的情话，却跟这个搔首弄姿的女人，你侬我侬，恨不得顷刻消融成一个人。

李筱然呆了，秦川，看上去无比老实稳重，说出"我爱你"三个字都会脸红！他，也会出轨！

李筱铭夺过手机，翻看一会，将小妞妞塞给筱然，拿出手机，拍下那些赤裸裸的情话，"姐，稳住，让我跟姐夫好好聊聊！"

当即，李筱铭拉着秦川出了门。筱然彻底惊呆，看着手中笑得天真烂漫的女儿，不知道该如何是好。离婚吗？女儿会失去爸爸。能装作什么事都没有发生过吗？她深度洁癖，跟那种女人有染的男人，她连多看一眼都觉得是重度污染。

吃饭时间，李筱铭回来了，拉着筱然进了书房。

"姐，具体情况，是那女的勾引了姐夫。姐夫就是一老实人，好男怕女缠，面对秀妖娆无底线的，他还是第一次接触，抵抗力为零。所以，该发生的都发生了。现在是，他搞不清楚自己的状况。也许在强大毅力的支持下，能够了断干净；也许自暴自弃，沦为妖女的裙下臣。"

筱然曾经见过这样一句话，女人无所谓忠贞，忠贞是因为受到的诱惑不够；男人无所谓忠诚，忠诚是因为背叛的筹码太高。秦川是不是觉得，李筱然绝对做不出泼妇骂街的狼狈样，所以敢如此明目张胆。

"弟弟，我该怎么办？"已经故作平静多时，筱然伏在李筱铭的肩头，压抑着哭声。小妞妞还在睡觉，她害怕将女儿吵醒。

李筱铭拳头握得嘎吱嘎吱响，眼圈泛红，柔声安慰筱然："别怕，有我呢！"

六神无主，筱然听了李筱铭安排，带着女儿，去了他刚装修好的新家。

半夜，睡不着觉的筱然，游魂一般飘到李筱铭房间，"弟弟，我如果离婚了，小妞妞就没有爸爸了。得不到健全的爱，她的人生会是残缺的！"

"可是，你又忍不了一个出过轨的男人！"李筱铭点起一支烟，眉头皱起："姐，如果你离婚，我养你跟小妞妞，健全的爱，不一定要父亲给予，秦川一家，如果爱这个孩子，会在满月的时候催着你生二胎吗？姐，如果你想离，这一切交给我！"

关键时刻，李筱然一度深深厌恶的弟弟，却成了自己的主心骨。

她没有露面，也没有给秦川解释的机会。李筱铭给这段婚姻画上了特别干脆的句号，房产、存款全部划到了筱然和小妞妞名下。

/ 往前看一看吧 /

失眠，成了李筱然离婚后的最大困扰。

午夜时分，她盯着睡梦中带着微笑的女儿，悄悄哭泣。为母则强，她已经学会了在人前掩藏悲伤。

妈妈总恨恨地骂，该杀千刀的秦川！

她只是微微一笑，"妈妈，这个人的名字，还配你提起吗？"

他们以为，李筱然跟小时候一样，是个倔强的女孩子，绝对不会被这段变故打倒。

只有李筱然清楚，爱情这扇门，自那天看到秦川手机里的浪荡信息开始，就牢牢关闭了。她想不通，几年快乐的婚姻生活居然抵不过短时间的狂浪勾引。男人，到底还值得信任吗？那些看上去光鲜恩爱的夫妻，背地里，是不是都像秦川一样，偷偷做一些见不得光的事情？

越想越痛苦，根本没有标准答案！

筱铭依照诺言，担负起抚养小妞妞的重任，接了外单，很少回家。李筱然趁他不在的空档，喝光了家里能找到的所有好酒。

"值得吗？"

躺在地毯上，李筱然看见突然闯回家的筱铭。

他怎么比自己还要心痛！离婚的人又不是他！

李筱铭挨着筱然躺下来，喃喃自语。

"姐，你知道吗？你一直都是我的骄傲！成绩好、品质好，哪里像我，从小到大，一直是惹是生非让爸妈担心的毛孩子。小时候，我偷偷看过你的日记，你担心我抢走爸妈对你的爱。我很惭愧，这件事无法改变，我的确被爸妈宠坏了。

"那一次，替你帮班主任圆谎，又打伤阿哲。我想，我忍受不了偶像被推翻的痛苦。姐，我真的很崇拜你。这些天，我在想，当年我是不是做错了。我该用什么方式弥补你？

"我不知道让你离婚是对是错。真的，我也害怕得要命。可是，既然走到这一步，姐，往前看一看吧，如果你不往前走，怎么看得见更美的风景？你还有小妞妞，她是你最大的期望。姐，振作起来好不好？"

李筱铭说着，声音哽咽。泪珠顺着黝黑的脸庞滚落，滴滴答答洒在地毯上。

心，剧烈震动。她没有想到，这个弟弟，无声无息，保护自己这么多年，即使被误解也不放弃。有什么理由拒绝他的请求呢！李筱然，你一定要挺过这一关！

/ 一直在你身边 /

筱然接受筱铭的建议，参加了社区的瑜伽班，结识了不少年轻妈妈。重塑身形，帮她找回了自信，看着镜子里再度恢复曼妙身材的高挑女子，李筱然终于感受到努力前行的魅力。

谁都有权利为伤痛沉沦，可是，号啕发泄之后，会留下什么呢？除了撕心裂肺的阵痛，再无其他。时间不会等你，新生活不会主动投怀送抱。筱铭说的对，如果不继续往前走，怎么能发现更美的风景？

李筱然越来越认同弟弟的看法，渐渐忘记离婚带来的悲伤。而就在她打算奔向新生活时，秦川抱着火红的玫瑰，跪在门外。她看了一眼纹丝不动下跪的秦川，并不为所动。她原以为再见时，会悲伤到窒息，然而，几个月过去，秦川对李筱然来说，只不过是一段情感历史。

"回去吧，早知今日，何必当初？"李筱然递过去一杯水，口气冷淡。

秦川跪了一上午，诚意消耗殆尽。李筱铭回家吃午饭时，他揭开了老实人背后的面纱："都是你，无缘无故挑别人家夫妻散伙。我跟筱然走到今天，你这个当舅舅的，脱不了干系！"

推搡之间，秦川一巴掌下去，李筱铭半边脸都肿了。筱然气疯了，冲出来举起拳头，李筱铭却一把拉住她："姐，别让他毁了你的新生活！"

筱然拿了冰袋给筱铭冷敷，心疼得慌。筱铭笑笑，其实这个场面，筱然只见过一次，他天天被秦川威胁，已经麻木了。

"你一贯喜欢用暴力解决问题，今天怎么手软了？"筱然居然觉得，将秦川暴揍一段，才够解恨。

"算了吧，就他那小身板儿，一拳下去，起不来了！他是找不到地方发泄而已！"筱铭挑挑眉毛，告诉筱然一个好消息，说拉小提琴的阿哲，等着见她！

阿哲！

如果青春正当时，她还是没有被生活撕扯的单身女子，绝对会毫不迟疑，去见她一直深藏在心底的翩翩少年！而今，她的心，已经难以燃烧，刚刚结束一段不堪的婚姻，怎么有心情跟阿哲约会！

筱然断不敢去！

筱铭再三撺掇，她实在受不了他的啰嗦，答应跟阿哲见一面。

一切跟想象中不一样，又好像跟想象差不多。筱然只能叹息，现在的阿哲，就算她坐着宇宙飞船，也赶不上了。

"姐，阿哲说很喜欢你，心动如旧时。你怎么想？"

"婚姻和爱情，只是人生中的一部分。有的人，一辈子跟这两样东西无缘，不也过得很开心吗？"筱然抿了一口茶，若有所思。

筱铭看看筱然一脸云淡风轻，也跟着傻乐。不管什么时候，姐姐才会遇上那一道属于她的彩虹，反正，他，总会在她身边！

第十二辑
小女人和女超人的
地老天荒

/ 羡慕，只能深深掩埋 /

雨下得很大。黎梓故意将家里的雨伞藏起来，夏云找了许久，只得作罢。

"好吧，小调皮，今天辞了公事，专门陪你！"

"不回去忙公务了吗？"

黎梓故意将"公务"两个字咬得特别重。

夏云不发话，靠过来，跟黎梓一起看《北京遇上西雅图》。文佳佳最终抱得大叔归，赢得爱情。黎梓的眼睛不安地瞟着夏云，她希望，夏云尽快给自己一个答案。

兜兜转转，从夏云的公司离职，住到这所空荡荡的房子里，已经大半年。最初，夏云说，不要着急，夏氏集团，家大业大，结婚必须要慎重，过程必然复杂，不是那么容易解决的事。"等等吧"、"快了"，时间久了，夏云都懒得编借口了。他心里清楚，黎梓不是傻瓜，把自己逼急了，难免一拍两散。她已经在两人的感情中付出太多，她舍不得自己。

黎梓眼睛直直，盯着电影里试穿婚纱的文佳佳。

"阿梓，你喜欢那件婚纱？"

夏云习惯性地掏出信用卡，"买了，暂时不能给你一个盛大的婚礼，但，我能为你买一件婚纱！"

黎梓仍旧一动不动，僵坐在沙发上，直到电影结束。

没有得到一如平常的热情反馈，夏云拿起包，冒着大雨出了门。

"只要我们住在彼此心里，死亡也不会将我们分开！"

回想着文佳佳的台词，她忽然想要一场这样的爱情，不论是轰轰烈烈，还是平平淡淡。夏云，给过自己爱情吗？

曾经，像是雾里看花。她还没搞清楚彼此之间到底是什么状况，就被夏云绕来绕去，成为了这所房子里的囚徒。

不久前，大学同学结婚，邀请黎梓当伴娘。伴郎团里，有一个眼睛大大的男人，目光始终锁在她身上。分别时，他跟出来，索要电话号码。黎梓不敢看他的眼睛，那一双眼睛，满是炽烈的爱意，可惜她似乎从没有在夏云的眼中见到如此深陷情网的目光。黎梓的心被这道目光刺得生疼，哆哆嗦嗦写下电话，跳上出租车，从那炽烈得快要将她灼烧的目光里逃离。

她喜欢婚礼。

新娘子穿上洁白的婚纱，在所有人的见证下，跟新郎许下一生一世的承诺。

无论顺境还是逆境，无论富有还是贫穷，无论健康还是疾病，无论青春还是年老，我们都风雨同舟，患难与共，同甘共苦，成为终身的伴侣！

这一段，黎梓念过无数遍，早已默记于心。她伸长了脖子，望穿秋水，不知道何时才会等到夏云与自己一起念这一段动人的誓言。这个等待的期限，会是多久？黎梓不敢往下想，他跟她的未来，没有一点喜悦的征兆。

婚姻，本来就是搭伙过日子

菜市场上，两只鹌鹑挤在笼子里，瑟瑟发抖，栗黄色羽毛反射着阳光，美丽得有些令人心醉。

黎梓一时心软，央求着买下来。

获得自由的小小生灵，竟然不惧怕黎梓，不客气地在她手心啄起小米粒，还大摇大摆站在门廊上，一副门神的模样。清冷的屋子，终于有点一丝生气。黎梓欣喜若狂，将这对顽皮的鸟儿请进笼子里，安家落户。

夏云来电话说，有个饭局，让她穿得漂亮点，一起出席。

"你确定？不是说不喜欢我抛头露面吗？"

"此一时彼一时！"

一个人爱你，就会把你带进他的圈子。黎梓不知道从哪里看到这句话。一旦夏云的朋友也认可她，她不就是正正经经的嫂子吗？那些蠢蠢欲动的莺莺燕燕，跟一纸婚书比起来，毫无分量！她欣喜若狂，赶紧换了晚礼服，打扮得优雅高贵。

司机毕恭毕敬，替黎梓拉开车门。后视镜里，她却瞥见司机貌似尊敬的眼神里，暗藏一丝讥讽。是了，他一定是跟着夏云出入应酬，以为自己也是围绕在夏云身边有所企图的女孩。

哼！总有一天，我会高傲地告诉这个有眼无珠的司机，站在你面前的就是你们的老板娘！

黎梓这样想，眼角里都藏着笑。

晚宴聚集了一大批业内名流。黎梓曾经做过行业功课，跟着夏云频频为众人敬酒，倒也从容自如。

"咦，夏大老板，你怎么舍得让我出来，不害怕我趁机逼婚吗？"黎梓趁着休息，调侃夏云。

"阿梓，你知道，我家里的情况，我也有苦衷的，慢慢来，我家里总会接受你的。"

夏云喝得微醺，笑吟吟看着花朵一般娇艳的黎梓。

是夜，黎梓亲密地挽着夏云，势在必得！

半夜里夏云嚷嚷饿了。黎梓披着衣服起来，煮他爱吃的西红柿鸡蛋面。透过一扇四四方方的窗子，天空中明月高悬。夜静谧，黎梓的思绪还沉浸在晚宴里，夏云守财奴一般拽着她，没有一个男人敢主动上前跟她套近乎。他，竟然是在乎自己的！

黎梓想着，切着西红柿的刀一偏，葱白似的手指鲜血汩汩。

疼！

泪光点点，她拿出创可贴，快速包好，端出一碗热腾腾的面条给夏云。夏云很是满意，几年过去，他的阿梓越发娇美贤惠，是名副其实的"上得厅堂，下得厨房"的女人。

黎梓起身，拉开窗帘。月光如水，将清瘦娇小的黎梓笼罩在淡淡的光晕里，令人怜爱。她忽然想起《倾城之恋》来，向夏云走过去，摇曳的样子，如同蜿蜒前行的蛇。

饱受流言之苦的白流苏，躺在宾馆的床上，月光，也是像黎梓看见的这般，明亮中笼着一层柔美。范柳原打电话来，问，流苏你的窗子看得见月光吗？流苏哽咽回答，她的窗前吊着一只藤花，将大好月色挡住一半。

黎梓最喜欢故事的这一节。已经陷入爱情的一对恋人，在俗世观念的驱使下，彼此试探。情场浪子范柳原，却借着朦胧的月光，暗诉衷肠。他是爱流苏的，至少在月亮面前，他没有撒谎。

"云，我问你，婚姻就是搭伙过日子。这话，你同意吗？"

黎梓收拾碗筷，装作漫不经心。

夏云揉了揉惺忪的睡眼，将她拉入怀里，呓语一般："阿梓，你又胡思乱想！如果没有感情，还搭什么伙！"

是吗？那你对我，有没有感情？话到嘴边，她又忍了回去。

月光愈发明亮。耳旁，响起轻微鼾声。黎梓怔怔地盯着深蓝色的夜空，彻底失眠。

/ 一步错，步步错 /

毕业那年，22岁的黎梓，故作成熟，穿着鞋头尖尖的高跟鞋、修身包臀职业套装，来到夏氏集团面试。

面试没通过，黎梓掩饰不住失落，走进电梯时，心不在焉，踩了旁边人一脚。戴着鸭舌帽的受害者，朝她看了看，眼神里，似乎有一丝欣赏。第二天，黎梓居然接到录入通知，给她打电话的人力资源部主任，在电话里一个劲道歉，说当时工作疏忽，黎梓完全能胜任文员工作。

入职报到后，培训主管将公司简介发给她看。封面上，印着一张看上去有点熟悉的脸，只见他神情严肃，目光如炬。他，不就是那天被自己踩了一脚的人吗？居然是公司老板！

此后，黎梓的职场路，青云直上，短短一年，就从小小文员升职为策划部主管。然而，她总会梦见撞见夏云的那天。梦里，他的脸渐渐从严肃变得戏谑，一道道记载着时间淘洗的皱纹，充满温暖的气息。

踩了他一脚，躲不掉的纠缠，注定盛开！

升职后，黎梓要出席每周一次的管理层例会。她是这群人中最年轻的，自然而然兼职端茶倒水。大部分主管都是男人，大家一齐吞云吐雾，黎梓被熏得双眼生疼，拿起水壶给夏云倒水时，他微微欠身，按住她冰冷的手，"我自己来！"

会议尾声，总经理拍拍桌子，宣告会议结束。夏云站起来，眼神充满鼓励，"新晋升的策划部主管黎梓，跟我们说说你的周计划！"

为了这次例会，黎梓熬了两个通宵。总经理拍桌子时，她无比失望地合上笔记本。夏云点名，她的存在感一下子强烈起来，从容不迫道出部门的周计划。内容并非无懈可击，夏云听后，要求她去他的办公室去详谈。

一切都是正常工作的样子，规规矩矩。黎梓惊讶，一直仅适合用严肃这个词来修饰的老板，居然也有非常放松的一面。他侃侃而谈，含蓄地指出她计划中的疏误。时间在指缝间偷偷溜走，等她听完夏云的长篇大论，已是黄昏。同事们早已下班了，黎梓顿觉跟老板呆着一起有些不妥，抽身要走，不留神滑倒。

脚崴了，夏云坚持请她吃饭。

旋转餐厅。黎梓陪夏云喝了几杯红酒。从来滴酒不沾，黎梓自知扛不住酒精的入侵，但她架不住夏云殷勤举杯，没有历经过酒场饭局，口舌笨拙，只能咽下那猩红的液体。

夜幕下，成双成对的情侣，勾肩搭背，亲密无间。黎梓窝在车里，夏云伸过胳膊，将她揽在臂弯里。暧昧的气息，悄然扩散。黎梓双眼昏花，面前的夏云，好像是她一直寻找的爱人模样，她微笑着，像索求糖果的小女孩，嘟起嘴，双手一勾，吊在夏云脖子上。

第二天，黎梓看着床单上洇开的殷红，后怕得掉眼泪。

夏云从浴室走出来，用力将她抱起来，"阿梓，我会给你幸福，做我女朋友吧。"

如果，那一天，黎梓果断从夏云的怀中挣扎出来，迅速逃离，也许，就不会有而今这般患得患失的惆怅！

一招棋错，满盘皆输！

很多事，好像跨出第一步后，就不那么难。黎梓明明知道，自己错得离谱，却回不了头。

她渐渐开始依赖夏云，喜欢听从他的所有安排。

夏云说，阿梓，你不要上班了，我养得起你，她快速辞职，成为只会花钱的米虫。夏云说，阿梓，你不要抛头露面，我给你一所房子，她毫不犹豫拿起钥匙。

当夏云把她领到这一所空荡荡的房子面前，说，阿梓，我暂时不能跟你结婚，委屈你在这住下。她淡淡一笑，甘愿为了爱情当一只被圈起来的金丝鸟！

所以，当听到风言风语，见到夏云身边美女如云时，她只能攒足了劲，拼命将他拉到自己身边。

早知道如此辛苦，为什么不选择一个平平凡凡的男人！至少，爱得轻松自在！

/ 人心，本就欲求不满 /

闺蜜给黎梓发来一段话，暗藏点拨：

"原本，只想要一个拥抱，不小心多了一个吻，然后你发现需要一张床，一套房，一个证……离婚的时候才想起，你原本只想要一个拥抱！"

她是想说，人心本是贪婪的，欲望是没有底线的黑洞吗？

黎梓笑笑，不在万丈红尘中走几回，怎么能看破！不谙世事的小和尚，为什么下了山就会被俗世勾引，酒肉穿肠过的弥勒佛，难道不是因为历经世事，才获得顿悟吗？

欲求，还算得上人生修行的一大指引呢！

闺蜜无奈，再也不搭理愈发疯魔的黎梓。

其实，黎梓是赞同前面一部分的，她现在，就需要一个证！一个能让她手挽着夏云，出双入对的九元钱小红本！

阳台上，两只小鹌鹑挤在一处，互相梳理羽毛，亲昵得令人艳羡。黎梓拿了一本张爱玲的小说合集，翻到《金锁记》。

一辈子戴着黄金枷锁的七巧，忽然想起十八岁的自己，穿着蓝夏天布衫，露出雪白的一截胳膊，上街买菜。那街上，喜欢她的人，有肉铺里的伙计，有裁缝的儿子。或许，他们只是喜欢跟她开玩笑。然而，如果她选了他们之中的一个，天长日久，生了孩子，男人对她多少有点真心！

阳光暖暖，黎梓却觉得彻骨地寒冷！

张爱玲写的是几十年前的事，但此刻黎梓却与现今对号入座，将自己想象成另一个被物质钉死在道德标杆上的曹七巧！

是啊，她原本只是一个对爱情充满幻想的小女孩，只是一个性格要强的职场丽人。刚刚步入职场的黎梓，还揣着美好幻想，起码能顶着熬得乌青的双眼，坚持上班。那时，她信奉，越努力，越幸运！可是，当有一天，她忽然成为夏云的女朋友。如果牢牢抓住夏云的心，就能成为拥有上亿资产的老板娘。物质的诱惑冲她招手，她难以抵抗，索性当了俘虏。

工作那么辛苦，她乖乖听话，赢得夏氏家庭的喜欢，早点成为老板娘，不好吗？维系与夏云之间的感情，成了黎梓的事业。

没有了忙得顾不上吃饭的文案，没有了三三两两的同事聚餐，没有了明争暗斗的客户抢夺……只有空荡荡的房间，黎梓突然无聊到发霉。夏云让她报一个兴趣班，练练瑜伽，学学古筝之类。她眼波流转，我黎梓的时间，不都是供你差遣的吗！

嘴上这样说，黎梓还是上网查资料，有模有样地学习做饭。留住一个男人的心，关键在于拴住他的胃，这不都是经验之谈？

只是，黎梓兴冲冲做好几样小菜，夏云却打电话来说，不好意思，没有时间！

大把的空闲无处消磨，欲望，无端疯长。黎梓想，她不该在这样无休止的等待中浪费生命。她要做夏云的飘飘红旗，不管他在外面有多少五花八门的彩旗，她始终会是他的归属，不管他走了多远，都会回到她身边。

这个念头冒出来，黎梓吓了一跳！

"云，结婚的事，你怎么想？"黎梓合上书，给夏云打电话。

那一端，声音嘈杂。

夏云大吼道："阿梓，再等一等吧！"

再等一等！他有没有想过，她今年27岁，已经跨过初级剩女的行列。

除了等，还能做什么？黎梓看了看手中的房门钥匙，扔下，拾起，反反复复。

/ 我必须，作为树的形象，和你站在一起 /

夏云生日。

黎梓忙碌了一整天，端出几样可口小菜，坐在沙发上，眼巴巴等着。她知道，夏云很忙，他一定会先跟家里人过了生日，再来跟自己庆祝。

然而，还没到中午，夏云却赶来了。

黎梓喜出望外，夏云微笑着，胃口很浅，每一样菜只是稍微动了动筷子。

"云，有心事？"

夏云叹了口气。

公司遇到危机，生产的一批管材质检不达标，出口的货柜被退回来，损失好几千万。

"阿梓，我现在可是千万负翁，你想好了，要不要继续跟我在一起？"夏云面无表情，双手交叉，托着下巴。反正先前那些跟自己打情骂俏的女孩子，听到这个消息，早已躲得远远的。

他，就是这样看自己的？

黎梓的心里，有一只勇猛的老虎，悄悄睡醒。她拿出手提包，倒出来一堆杂七杂八的东西，从里面拣出银行卡、车钥匙、房子钥匙，放在夏云跟前。

"云，卡里有百十来万，你给的零花钱，我存起来了。车子，拿去卖了，房子，也卖掉吧。远水救不了近渴，但是能抵一点是一点。先救救急！"

夏云嘴巴张得老大，他有点怀疑自己可能听错了。

黎梓的笑容开始僵硬，像一塑没有声息的雕像。夏云的想法没有问题，有问题的是黎梓自己。她的心里，住着心怀梦想的女超人和患得患失的小女人。困顿时，女超人成为黎梓的绝对支配者，带引她披荆斩棘，奋力向前；安乐时，小女人溜出来，黎梓患上文艺范儿的失心疯，任凭大脑被各色思想争夺得支离破碎。

已经穷得不剩一文的夏云，将黎梓心头的女超人唤醒。不管她爱不爱夏云，不管夏云爱她到什么程度，她都决定，像婚礼誓词中说的那样，无论顺境还是逆境，无论富有还是贫穷，她要跟夏云一起，风雨同舟，患难与共！

夏云将黎梓拿出来的东西塞回提包，无奈地摇头。风华正茂的黎梓，不适合被他拉来吃苦。更何况，送给黎梓的东西，他怎么能要回来？毕竟，黎梓跟了他几年，车子也好，房子也罢，这些远抵不上对她的补偿。

"阿梓,你的心意,我领了,这些,你留着。女人,要留点钱,做后路!"

"你这么看不起我!"

黎梓摔了门,咬着嘴唇。

"好吧,算我一厢情愿,要与你同甘共苦。"

夏云无言,伸出已经乏力的双臂,轻轻拥她在怀里。此刻,他已经从主宰者的位置跌落下来,跟黎梓凑成一对平凡爱侣。

黎梓将双手搭在夏云脑后,如喝醉酒的那一晚,勾着他的脖子,嘴唇凑到耳边,一字一顿念着:

我必须是你近旁的一株木棉

作为树的形象和你站在一起

根,紧握在地下

叶,相融在云里

……

夏云听得真切,他深深庆幸,当初,在电梯里,被书呆子黎梓,踩中了脚背。

有一条路通往地老天荒

黎梓重回职场，帮夏云打理公司。同事们不再避讳，直接称她老板娘。她只是笑笑，不点头，也不摇头。新推出的广告反响强烈，黎梓帮夏云赢得了几个订单。她还不死心，硬跟夏云南下广州参加展会，软磨硬泡，先前的老客户终于松口，想定一批管材试试看。

高跟鞋敲击着地板，碰撞出一连串清脆的声响，夏云看得痴了，工作狂黎梓，有一种特别沉稳内敛的美。他居然一直将她当作附属品，让她伸长了脖子在漫漫长夜里等待。

危机，总算熬过去了。

黎梓举杯，一饮而尽。淡淡的口红印记，顽皮地留在杯子边缘。当初，她却是滴酒不沾的乖乖女，拿酒杯的姿势是那般生硬笨拙。

夏云的眼眶有些潮湿，黎梓的脸泛起红晕，滑倒在他怀里，刮着他的鼻子："云，伤春悲秋呢？"

"是啊，感叹你这样的人才，配了我这般俗人！"他真没有想到，柔弱的黎梓，居然深藏着强大的爆发力，陪同他一起战胜危机。女人，不都是现实而柔软的生物吗？

黎梓笑得妩媚，"做一对俗世烟火里，最平常的夫妻，不好吗？哈哈，我和你，称得上是备胎的成功逆袭！任你千挑万选，最后还是被我折服！"

香港陷落，成全了情场浪子范柳原和扑火飞蛾的白流苏。一场经济变故，拉近了黎梓和夏云。

几个月后，黎梓披上洁白的婚纱。

教堂里，神父刚刚开口，黎梓便抢了台词："我，黎梓，愿意嫁给夏云，成为他的妻子。从今天起，无论疾病还是健康，无论贫穷还是富贵，我都会照顾他、尊重他，接纳他，一直到生命的尽头，就算死亡，也不能将我们分开！"

掌声响起，夏云紧紧握住黎梓的手，走上红地毯。沐浴在亲朋好友们祝福的目光里，黎梓觉得，这一条红地毯，可以从脚下延伸到地老天荒。

第十三辑
不死草和红玫瑰

/ 前男友出没 /

三月，冬天跟夏天突然谈起恋爱，生了个女儿，名叫倒春寒。明明白天还春光明媚，夜里却狂风大作，吹得呼呼作响，倒卷着寒气，将急于展示身材的美女们缩回笨重的羽绒服里。

不巧，杨若曦出差归来，刚下火车，寒气汹涌而至，将她冻得双腿打战。太冷，火车站广场零星停着几辆出租车，别人抢先一步，杨若曦只好在寒风里继续苦等。

一辆车在她跟前停下，慢慢摇下的车窗，却挤出了一张令她无比厌恶的脸。这张脸，有个统称名词——前男友！

"若曦，不要犟了，冷，让我送你一程吧！"杜子睿讪讪笑着。

杨若曦摇摇头。杜子睿二话不说，将她拉进车里。

如果当初他有这般坚持，他们还会分手吗？雨点，在车窗划过，拖曳成一道斜斜的印记，杨若曦的视野里，回忆着星星点点，一幕一幕。

杜子睿发了工资，领着她去新天地。逛到腿发软，她不舍得买一件衣服，拉着他，坐在街边茶吧，分着喝一杯柠檬茶。

杜子睿的手机响个不停，她拿起一看，是学妹的狂轰滥炸。

杜子睿说，他们只是暧昧而已。可惜，她却翻到了他发的热辣情话。

分手，杜子睿头也不回，一点一点消失在来来往往的人群里。

……

到家门口了，杜子睿帮杨若曦将行李放在防盗门前。她掏出钥匙，一脸戒备。

"若曦，买卖不成仁义在，情侣不成友谊在。好歹，大家也彼此熟悉过，你不至于连一杯水都不肯给我喝吧？"

什么时候，杜子睿的厚脸皮已经比城墙还要厚了？

杨若曦笑笑，拉开门，放杜子睿进屋。

虽然已经分手半年多了，屋内的摆设跟杜子睿离开时没什么差别。并不是杨若曦念旧，她只是觉得，已经熟悉的物品重新归置，找起东西来只会浪费时间。一切如旧，并不代表她没有向过去说拜拜。

杜子睿轻车熟路，拿出水杯，泡了碧螺春，还像主人一般，给杨若曦冲了一杯姜糖茶。

杨若曦并不推辞，这是在自己家，干嘛跟他客气！姜糖茶喝个底朝天，可杜子睿并没有要走的意思，又钻进厨房，煮了两碗方便面。

"饿了，吃吧！"杜子睿端碗的姿势，都跟从前一模一样。

到底闹什么！

杨若曦有些恼怒。难道他以为只要将往昔搬出来，一板一眼演练，就能回到从前吗？

饭吃饱，茶喝光，杜子睿干巴巴地坐着，看着杨若曦忙前忙后，收拾房间。

"死赖皮改不了本性，不要以为一杯茶、一碗面就可以让我回心转意。我已经一切向前看了,识相点,自己滚出去。不识相,我报警请你出去!"

杜子睿愕然,杨若曦推他出门,将大门关上。

/ 分点时间给悲伤 /

杨若曦蒙着被子哭了。

分手那天,她只是木然地看着杜子睿越走越远,疼得失去感觉。

星座分析说,勇敢的白羊,失恋后会地化悲痛为力量,更加积极,努力提升自己,将全部精力集中在事业上,让自己过得比以前更好。

杨若曦深信不疑。半年多时间里,她自考了中级会计师,报班学跳拉丁舞,主动申请去外地出差……忙起来,好像分手真的没什么大不了。杨若曦天天对自己说,不就是男朋友劈腿嘛,不就是扔了个垃圾男嘛,地球仍然在转,没有人会停下来陪你哭,今天不努力,未来就会变空气!

说得多了,她觉得自己已经平静地接受了分手事实,而且成功地向大家证明:分手这件事,可以用合理的方法度过阵痛期!

今夜,当杜子睿那张脸从车窗后徐徐探出,杨若曦的心开始隐隐作疼。

迟到的痛楚,抑郁已久,好不容易得到一个突破口,悲伤如山洪般倾泻而下，将故作坚强的杨若曦，彻底打倒。

脑中一片空白，哭了许久，杨若曦爬起来，认真洗脸。

已经过了二十五岁，不能随意哭泣，她只将悲伤留给今晚，到了明天，她又是风风火火的杨若曦，果断干脆，不输给任何男人。

穿衣镜前，杨若曦捏着脸蛋，勉强挤出笑容。

墙上，贴着几张彩色纸打出来的文章——《三十岁前不要在乎的29件事》。这是杨若曦的自我催眠法宝，她指着第28条，轻念：

不要在乎失恋。三十岁前，最怕失去的不是已经拥有的东西，而是梦想。如果爱情只是一个过程，那么，正是这个年龄应当经历的。如果要承担后果，三十岁以后，可能会更有能力、更有资格。三十岁之前，我们要做的事情很多，时间稍纵即逝，过久地沉溺在已经干涸的爱河河床上，与这个年龄的生命节奏不合！

读过几遍，心宁神定。这些看上去老气横秋的心灵鸡汤，在关键时刻，是杨若曦的救命稻草。她试着，让心里的小女孩尽快成长，不用男人来遮风挡雨，也能独自撑起一片蓝天！

在杨若曦的四川老家，长着一种碧绿的卷柏，随风移动，遇水而安，就算枯萎，只要沾水，顷刻舒展。人们给予这种生命力格外旺盛的野草，命名为不死草。杨若曦想，她要做一株在滚滚红尘中随遇而安的不死草，就算被摧毁，也能置之死地而后生！

/ **莫名中伤** /

那一夜之后，杜子睿果然厚着脸皮求复合。堵家门口无效，他天天去杨若曦的公司，坐在前台，装出一脸苦瓜样儿，希望博得同情。部门一位年长的女同事，拉着杨若曦，循循善诱：烈女怕缠男，若曦，想个办法避一避吧！

不久，公司选拔中层干部去南京培训，杨若曦递交申请，赶在情人节前两天到了南京。

相安无事，杨若曦悬着的心放下来，投入紧张的学习状态。2月14号，培训导师要求每一个团队准备一个表演节目，杨若曦自告奋勇，将自己关在宾馆，改写歌词。

笔帽儿都快咬破了，她始终没想到合适的词，再过半个小时，队友们会来找她，练习她改写的歌。手机不合时宜地响起，一个陌生的号码，内容不堪：

"杨若曦，你真的是没人收留的老女人了吗？杜子睿都不要你了，你还贴上去？

"告诉你哦，我的睿睿说了，他只是可怜你这样的老女人，才答应上你的床。你不要以为得了天大的便宜！

"他最喜欢的人是我！所以，醒醒吧，老女人！"

杨若曦心里，千万匹草泥马呼啸而过。白羊座的暴脾气上来，她恨不得立刻将杜子睿和他的零智商对象从高高的阳台上扔下去，摔个稀巴烂！

默念着：冲动是魔鬼，冲动是魔鬼杨若曦改写好歌词，灵光一闪，将这条文化水平粗暴的短信转发在朋友圈。反正，她的朋友圈里，还有几个是杜子睿的死党。收拾这种黄毛丫头，根本不需要她出面。

杨若曦想，原本她是可以忍一忍的，但是被一个小女孩张嘴闭嘴喊着老女人，她必须出出气，免得憋坏了自己。

晚上，紧张的学习结束，杨若曦四仰八叉地瘫在床上。手机催命般响个不停，不用说，被严重挫伤面子的杜子睿，跟她叫板来了。

肚子里的八卦虫子，兴奋得睡不着觉，杨若曦竟然抱着手机，听杜子睿倒了一个多小时苦水。

据杜子睿说，这个张牙舞爪的女孩，才二十出头，不知怎么的，被他迷得晕头转向。老黄牛吃嫩草，他还没来得及高兴，就被女孩过人的控制欲吓呆了，居然连上个厕所都要跟她汇报。风流惯了的杜子睿，只能没命地逃，单方面宣布分手。小女孩不甘心，他逼得走投无路，编了前女友纠缠这么个狗血的故事，希望能尽快摆脱她的无理取闹。

"若曦，你今天真的太毒了。我以后没法做人了！"

果然是无事献殷勤，非奸即盗！杜子睿的死缠烂打，原来深有目的。

旧爱不能安安静静躺在回忆里，杨若曦感叹世事如戏。她，已经没兴趣留意杜子睿那档子破事。

炽烈的红玫瑰

出差回来，杨若曦家门口站着一个稚气满满的小女生。她低垂着头，双手绞着衣角。

就是这个丫头，叫自己老女人！杨若曦想，抛开那些歪曲事实的短信内容，在这个小姑娘面前，她还真担得起老女人称号！

女孩不如短信里泼辣爽利，倒是格外羞怯，还赢得杨若曦一丝好感。

"姐姐，我是筝筝，我想我们都被杜子睿这个王八蛋骗了！"

小姑娘筝筝，眨着水汪汪的大眼睛，杨若曦一下子找准大姐的感觉。白羊座爱打抱不平的特性彰显，她立刻将筝筝带回家。不应该是情敌见面分外眼红吗？杨若曦神经搭错线了吧？她居然榨了橙汁，招待这个被杜子睿蒙骗许久的小姑娘。

"姐姐，你什么时候跟他分手的？"

筝筝想找出杜子睿连篇谎言的证据。

痛苦的记忆，往往比快乐在脑海中的印记更加深刻。杨若曦或许不记得杜子睿深情款款的模样，但她非常清楚地记得分手那天的情形。

百盛广场前，她拿着手机里的短信，质问他，她出差期间，他跟谁去过宾馆。

杜子睿遮遮掩掩，死不承认，一口咬定说是人家勾引他，他被下药了，醒来时，已经跟人家赤身裸体躺在床上。

她气愤得失去理智，扬手就要扇下去，杜子睿的神情却胜券在握似的告诉她：她，杨若曦，挚爱这个不争气的男人，不舍得伤他一根头发！

何必呢，为这样的人脏了手！

她停下来，听得一个不认识的声音再说："杜子睿，当我从来没有爱过你，分手吧！从此，我们已是陌路人！"

没有任何期待，短暂的沉寂后，杜子睿扭头就走，一下子消失在人群中。

"那天，是 5 月 8 号吗？"筝筝打断杨若曦的回忆。

"嗯！"

"天啊，就是那天，我跟杜子睿确定了男女朋友关系。那天傍晚，他来我家，说喜欢我，要跟我生生世世在一起，要对我负责！"

筝筝告诉杨若曦，她想考研究生，3 月份时通过别人介绍认识了杜子睿。他经常推了朋友聚会，指导她复习，渐渐地，她有点儿感动。杜子睿又跟她暗示，说自己没有交女朋友，筝筝天性直接，她希望杜子睿能够考虑自己。杜子睿很犹豫，劝她说谈恋爱会影响她复习，一会儿又说实在为她深深吸引。筝筝觉得，杜子睿贴心到令她心动。一天，杜子睿开了宾馆，说帮她通宵复习，她感动得不知道拿什么作为回报，稀里糊涂地跟他上了床。事后，他说待她考虑清楚之后，他随时为她负责。

杨若曦和筝筝聊了一整天。对照细节，她们发现，杜子睿，跟她们说的话、做的事，几乎一模一样。有时候，甚至照搬了杨若曦的话，略略修改说给筝筝听，又将筝筝的俏皮言论，用来讨好杨若曦。

"渣男！姐姐，我们要是早一点认识就好了，被他耍得团团转，还伤心痛哭，真是不值得！"筝筝气得跳起来。

杨若曦安静地坐着，心里旧伤复发。

她原本以为，杜子睿只是一时花心。却不曾想，他将这段爱情往事转述给别人时，将自己说得何等不堪，低贱到毫无尊严。她甚至成为他泡妞的法宝，杜子睿添油加醋，将她说成那个控制欲超强的变态女人，以求博得新的爱情。

是不是，天下乌鸦一般黑？所有花心的男人，都会在情人面前，将前任或者正牌爱人，刻画得丑陋无比，将自己描绘成生活在灾难中的旷世情圣？

筝筝的脾气来得快，去得也快。完全搞清楚状况后，她看开了，"以后，管他什么杜子睿还是肚子疼，我再也不会耳根发软，被他楚楚可怜的说辞打动！"

杨若曦笑笑，如果年轻五岁，她根本不会有耐心听筝筝讲完这些话，也无法得知事情的真相。幸而，筝筝遇见的，是已经28岁的杨若曦，她的心，已经渐渐坚韧，顽强如不死草。

在她眼里，年少气盛的筝筝，如一朵香气馥郁的红玫瑰，热情而炽烈，只为爱情肆意芬芳！即使遇见杜子睿这样不堪之人，她也纠缠得彻底，放手得利落！

/ 心思细腻的小丫头 /

一次感情意外,杨若曦看清了杜子睿的虚伪面目,得到了筝筝的宝贵友谊。

筝筝说,她的房子快要到期了,能不能过来跟杨若曦挤一挤?

她眨巴着童叟无欺的大眼睛,表示:以后,水电费、零食费,她全包了!

杨若曦眼睛翻白:"等你挣到钱的那天,加倍还我吧!"

筝筝卖乖,渐渐混进杨若曦的生活里,魔爪从杨若曦的凌乱小窝延伸到工作,时常凑过来,帮杨若曦修改人事培训计划。

筝筝修改的规划全票通过,杨若曦乐开了花,带着筝筝参加公司的聚餐。小丫头片子天生自来熟,跟谁都能贫两句。杨若曦端了冰激凌,躲在角落里,享受片刻悠闲。

设计部的顾维拿了啤酒,凑到杨若曦身边:"那个小丫头,是你妹妹?"

"你觉得呢?"

"跟你一个模子啊!"顾维嘴上说着,目光却锁在杨若曦身上。

杨若曦以为,这位仁兄看上了筝筝,忙不迭地将狗血的分手经历全盘托出,反正杜子睿到公司前台堵她的事,公司无人不晓。关于筝筝这一段,她说得更是传奇生动，却将最初收到的恶意短信略过没说。

顾维听得心不在焉，杨若曦恼火，不耐烦地走开了。

筝筝溜过来，附在杨若曦耳边说："姐，刚才那个二愣子，明显喜欢你！"

喜欢？

杨若曦从来没有发现，顾维如果喜欢她，怎么会将感情隐藏得如此滴水不漏！工作这些年，她倒是得到过顾维不少照顾，只是从来都找不到感情痕迹。不管怎么说，顾维这个人，倒是不令她讨厌。当初杜子睿闹得沸沸扬扬，他还到跑到自己跟前询问，需不需要护送回家。

聚餐结束时，筝筝居然跟顾维混熟了，告诉杨若曦，他们要先走一步。杨若曦摇摇头，炙热的玫瑰碰上呆木头顾维，天知道有什么化学反应！

等杨若曦回到家，凌乱的屋子已经收拾整洁，角落里躺着筝筝的行李箱。

婉转的钢琴曲响起，是杨若曦喜欢的《仲夏夜之梦》，筝筝推着顾维从门背后跳出来。顾维的脸，像涂了胭脂，红得发紫。

筝筝将顾维推到杨若曦面前，得意洋洋："姐，你的'必剩客'生活即将结束。顾维可是真心喜欢你，我已经帮你拷问过了！"

顾维结结巴巴，在筝筝的授意下，向杨若曦告白："若曦，我真的，喜欢你很久了，久到什么时候开始的，再也想不起来！总之，我想追你，当我的女朋友，好不好？如果你拒绝我，我还是会默默保护你！"

保护？

筝筝凑上前，好像这件事全是她的功劳："是啊，没有顾维，杜子睿还会死缠烂打呢！顾维用男人的方式暴揍了杜子睿一顿，那货彻底老实了！姐，答应吧！"

杨若曦羞怯，点点头，被顾维死死抱在怀里。等她从顾维的挣脱时，发现筝筝和她的行李箱，早已不见踪迹。

真是心思细腻的小丫头！杨若曦幸福满满地感叹！

/ 神秘的交接仪式 /

顾维给予她的爱，温暖而安宁。杨若曦的倔强，渐渐被驯服，她越发娇媚，成了被爱情俘虏的小女人。所以，当顾维单膝跪地，一脸严肃向她求婚时，杨若曦想也没想，连说愿意，愿意！

筝筝抢了婚礼公司的业务，成了最得力的婚礼策划师，将杨若曦和顾维的婚礼现场布置得格外温馨。

婚礼上，筝筝将平时的顽皮张狂收敛起来，穿着粉粉的伴娘裙，活像一个粉嘟嘟的小仙子。杨若曦看着筝筝粉嫩嫩的样子，觉得很不真实。她认识的这个小姑娘，不应该像火红的玫瑰那样热烈而张扬地绽放吗？

筝筝捶了杨若曦一拳："大姐，抢新娘子风头要被人的唾沫淹死的！我今天，可是低调的奢华！"

婚礼结束，杨若曦揉了揉笑得快要僵硬的脸，靠在顾维肩头休息。筝筝居然顺拐了一位帅气的伴郎，笑得花枝乱颤，两人手拉手来到杨若曦面前，"姐，现在，我才是你想象中的样子，对吧？"

杨若曦大笑，从婚宴桌上取下一支鲜红的玫瑰，交给那个帅气的男生："筝筝，就像这朵娇艳欲滴的花，玫瑰带刺，你当心点。如果你硬要将筝筝的刺拔掉，那你也不配得到她。得精心呵护，明白吗？"

男生有点懵，筝筝摊开手心，将一株碧绿的植物献宝一样拿到杨若曦面前。杨若曦再熟悉不过，卷柏，不死草！

"我从你的狗窝搬走时，在一个灰蒙蒙的角落发现的。放回水里，这团皱巴巴的草，居然活了过来。姐，你很像它呢！"

她像接着珍宝一般，将这团碧绿置手掌心。

顾维亲昵地将她揽在怀中，"你们两个，像在搞神秘的交接仪式！"

筝筝拉着帅气的男生，看着杨若曦和顾维钻进车子，消失在无边夜色里。她终于知道，杨若曦，是怎样从杜子睿带来的伤痛中走出来的。在这个誓言和忠贞脆弱得像一张纸似的浮华世界里，当一株不死草，才能咽下所有的痛苦和变故，一旦遇到如水痴心人，便会青翠欲滴，如新春三月里树梢顶端迎风招摇的嫩叶子！

第十四辑
不穿水晶鞋的灰姑娘

丫丫，我结婚了

十二月，寒风彻骨。木木裹着棉被，盘坐在床上，赶着文稿，敲得键盘噼噼啪啪作响。窗外，飞雪无声，等她打上最后一个句号，已是深夜。

揉着干涩的眼睛，她才注意到，屏幕右下角，有个青蛙头像跳个不停。是李燃，那个刻在木木骨子里的人。

丫丫，我结婚了！

简单的一句，头像已经变成灰色。

木木手抖得不受控制，将"恭喜你"，打成了"攻袭你"。

一定是天太冷了，要不然怎么全身没有丝毫温度。木木挣扎着从被窝里钻出来，拿了热水袋，放在膝盖上，仍然觉得，无尽的寒气从心里凉到脚趾头。她小声地欺骗自己，她跟他，早已是独木桥和阳关大道，再无相干。所以，他不可能在心里激起滔天巨浪。对的，一定不可能！

灰色的头像亮起来，李燃在对话框里说："我以为，跟我一起拿这个证是人，是你！丫丫，能陪我一晚吗，今晚之后，我们从此云淡风轻。"

木木泪奔，拨通那个无比熟悉的号码，大声吼道："凭什么！你已经跟人家结婚了，凭什么还要我陪你！"

那一头，李燃也泣不成声。

良久，木木哽咽着问："怎么毫无征兆，你就结婚了？我以为……"

"以为我会在原地一直等你，是吗？"

"是呢，就像最开始，你拿着水晶鞋，等前来认领的灰姑娘。"神经不受控制，木木也不知道为什么突然说了这句话。

思绪拉回最初。木木所在的话剧团要出节目，她毛遂自荐改剧本，将灰姑娘的华丽转身写成了一个关于水晶鞋的心碎往事。在她的剧本里，灰姑娘被后妈强行嫁给一个商人，王子拿着水晶鞋，等了一生。

李燃饰演王子，前来报名演灰姑娘的女同学排成了长队。

木木笑，"李燃，你的追求者都可以整编成一支娘子军了！"

话剧团长说："木木，你演灰姑娘，正好！"

台上，年老的王子，深情款款，望着已经两鬓斑白的灰姑娘，颤巍巍拿出水晶鞋，小心翼翼替她穿上。李燃的眼神，悲喜交织，将木木心中的王子演绎得精彩绝伦。她，就在他俯下身替她穿上水晶鞋的那一刻，怦然心动。

演出很成功，幕布徐徐降下，李燃拉着木木的手，不愿松开。他说："丫丫，台上的王子已经错过挚爱，我可不想错过你！"

木木还没反应过来，李燃掀开幕布，拉着她走到舞台中央，对着话筒底气十足："我，李燃，要木木做我的女朋友！"

台下，掌声雷动，已有好事者冲木木高喊："在一起，在一起！"

她的脸，一片红霞飞，双唇颤抖，说不出任何话来。绚丽的灯光里，李燃张开双臂，将她护在臂弯里，对着台下热情高涨的观众大喊："她答应了！"

第二天，木木和李燃被带到教导处，教导主任语重心长：虽然大学并不反对自由恋爱，但是也不提倡你们占用公共资源求爱，回去写五千字检讨书！

木木记得，李燃撕光了笔记本，纸团扔了一地，除了标题之外，没写出一个字。木木笑了，从李燃手中夺过笔，很快交出一封声泪俱下的检讨书。

"丫丫，你怎么会是灰姑娘呢？才气过人，文采飞扬，你总会令我感到生命中充满惊喜。"

李燃深深叹息，将木木的回忆打乱成碎片。

再柔软的曾经，都无法温暖木木寒到骨头里的冰冷。她哭得声嘶力竭。李燃结婚了，再也没有回头的可能。可是，她居然一直幻想着，有一天，他停下来，回到原地，将等待得心慢慢枯萎的她，用满满温存，重生出一个繁花似锦的春天来！

她怕他找不到回来的路，住在他曾经为她找的老旧小区里。小区被圈成未来的繁华商业区，挖土机轰隆隆响着，不久就要开过来。房东打电话劝说："姑娘，看到你是老房客的份儿上，这月的房租我全退给你，你赶紧找房子搬走吧！"

木木哀求："让我住到最后吧！挖土机开到单元楼前，我肯定搬！"

小区已经被平掉大半，水电时有时无。木木住在冰冷的房间里，凄凉地想，一定要坚持到最后，这里，还残留着李燃的气息。搬到陌生的地方，她就跟李燃彻底分开了！

也许，是天意！在这个冰窖一般的夜晚，李燃突然出现，并告诉她，自己结婚了。所以，是时候跟他彻底说再见了！

天已蒙蒙亮，木木握着发烫的手机，听着李燃在那一头低声呓语。

丫丫，我们，今生，只能是错过了！压在我心头的那些话，还会有机会向你说出来的，丫丫，我真的要谢谢你陪我这一晚！从今天起，我决心当一个好丈夫了，也祝你在尘世中获得幸福！

电话断了。木木抱着枕头，自言自语："搬家！快点搬家！"

/ 这个冬天也不是那么冷 /

快下班的时候，财务部的漠北，揣着两张电影票过来，问木木，《失恋三十三天》，新出的小妞电影，去不去看？

木木想，失恋才三十三天，算什么，她已经失恋三十三个月了，都没有这般矫情悼念！

漠北满脸期待，看着木木脸上风云变幻的表情，捏着电影票的手尴尬地跟空气跳舞。

去吧！

她不想拂了漠北的情。已经拒绝他好多次了，再这样下去，会让人觉得冰冷到无药可救。至少，漠北是个不令她讨厌的人。干净的衬衣、一尘不染的皮鞋、淡淡的烟草味，漠北，好像跟李燃有点神似。

漠北藏不住满脸春色，一路哼着不知名的小调。木木想，他还是跟李燃不一样,漠北的快乐,要比李燃真实很多。李燃的高兴和悲伤,像用力过度的演员,完全沉浸在自己的情绪世界里,高兴时,令人兴奋,悲伤时,令人窒息。

电影院里,选择这部电影的人,几乎是形单影只,木木和漠北这一对,好像是横空出世的怪胎,周围的人如防瘟疫一般,离他俩远远地坐着。

幽暗的灯光里,木木好像听到有人十分不满地说,带着女朋友来看《失恋三十三天》,脑袋被门夹坏了吧!

"有人说你脑子坏了。"木木说。

"他说,你是我女朋友。"漠北说。

两人几乎同时说话。漠北转过身来,盯着木木,欲言又止。木木逃开了,指着前方说:"漠北,电影开始了。"

漠北的心思,她早已知晓。只是,还没有从上一场恋爱中彻底清醒过来,她怕她会用过去的标尺来衡量当下的幸福,伤害到对爱情渴望已久的漠北。

白百何饰演的黄小仙,将失恋的痛苦演绎得深入骨髓。失魂落魄的黄小仙,追着已经远去的陆然,哭着剖白:"请不要就这么放弃我,请你别放弃我。我一定要对他说。我不再要那一击即碎的自尊,我的自信也全部是空穴来风,我能让你看到我现在有多卑微,你能不能原谅我?求你原谅我!"

木木的泪点再一次被击中,手捂着脸,眼泪,却顺着指缝悄然滑落。漠北惊慌得手足无措,笨拙地拿起纸巾塞到木木手里。

电影院外,漠北讪讪地说,明明电影的宣传稿说它是一部自愈电影,能让人找到一个相信爱情的理由和跟一个人继续走下去的勇气!

木木抬头一看,门口的宣传海报上,几个大字醒目到刺眼:爱,就疯狂；不爱，就坚强！

"漠北，我跟李燃的事，你是不是一直都知道？"

漠北低着头，看着水泥地，淡淡回答："你的博客里，转载的全是与失恋有关的文字。木木，我不是王小贱，但是能不能给我一个治愈你的机会？"

该来的还是来了！

木木不知道怎么回应，双手来回搓着。

漠北捉住她凉冰冰的手，放进大衣口袋里："木木，试一试吧，好不好？"

冰凉的手得到丝丝暖意，好像这个冬天也不是那么冷。木木点点头，"漠北，帮我搬家吧，就今晚！"

漠北开心地将她拦腰抱起，塞进车里，一路疾驰。

木木的家当不多，漠北让她安坐在副驾驶上，自己跑了几趟，将几个箱子搬了下来。木木检查一番，将一个灰色纸箱抱下了车。里面装的是她和李燃的美好回忆。一套淡蓝色长裙，一双亮晶晶的高跟鞋。这些，是那一次演出后，李燃专门为她买的。那时，他说："丫丫，穿上你的水晶鞋，别让我将你弄丢了。"

漠北跟过来，对木木说："这双鞋子，跟太高了，走起来累脚，回头，我送你一双舒适的鞋子。"

"嗯，我也觉得，这双鞋子早就不合脚了！"她拢了拢纸箱，将衣服和鞋子扔进垃圾桶。

温暖的气息，熏得两眼生疼

工作这几年，木木存了些钱，凑足首付，在三环外买了套50平方米的小公寓。新房钥匙拿到后，她像衔着稻草的燕子，一点一滴，慢慢将空荡荡的房子装饰得井井有条。那时，她想，也许哪一天李燃回头来找自己了，这所房子就是她和他重新来过的起点。所以，她一天都不曾在这个小窝住过，宁愿守着生活极不方便的老小区，生怕错过与李燃的重逢。

是不是有点可笑，明明手中拿着香甜的苹果，却要翻开水果盘，拿起最先买的，但已干瘪的梨？木木跟漠北说着自己可笑的想法，第一次躺在新家的地板上。

漠北一手举着食谱，一手拿着锅铲，照着书里的炒菜步骤，急火火地翻炒着。他的心思，完全用在对付锅里半生不熟的食材，只得随口向木木大声提议道："那你完全可以放下不能吃的梨，去吃苹果！"

是啊，木木想，她早该这么做了。

开饭。漠北将鸡汤盛给木木，紧张地问："好吃吗？能吃吗？"

热气腾腾。坐在对面的那个男人，一脸期待看着自己，厨房里，七零八落的厨具摆满灶台，沙发上还散落着他刚买回来的大白兔奶糖。这，才是一个家的样子！木木被这股温暖的气息，熏得两眼生疼，眼泪吧嗒吧嗒，掉进碗里。

"啊？不好吃吗？"漠北站起来，熟练地给她擦眼泪，又舀起一勺汤，咕嘟咕嘟喝下去。

嗯，有点咸！不吃了，下一回我肯定做得好！

他端起鸡汤，准备倒进垃圾桶。

木木追过去，一把从背后抱住漠北，"很好吃，真的！"

"那你怎么哭了？"

"很久没吃到这么好吃的东西了，漠北，你真好！"木木喃喃低语。

漠北费力将鸡汤放在桌上，扳过木木，吻上她湿润润的睫毛。

那一晚，木木睡在漠北身边，像抱着一个大火炉，再也不觉得冷了。

灰姑娘已经不需要水晶鞋了

木木准备买一个书柜,安顿这些年淘来的精神食粮,家具店逛了一家又一家,总觉得那些看着精良的书架,配不上散落满屋的娟秀文字。

周末,漠北抱了工具箱,带着散发着淡淡香气的榆木,将正在睡懒觉的木木吵醒。

他说:"木木,我要给你的书,找一个家。"

木木掀开被子,吃着漠北带来的早点,兴致勃勃,看漠北在一旁乒乒乓乓。漠北挽起袖口,拿着卷尺认真地量墙壁,一寸一寸将多余的木板锯下来。楼下的邻居受不了漠北的嘈杂,上来砸门嚷嚷:"拆房子呢,大周末的!"

木木用求助的眼神看着漠北,漠北从容不迫,拿起茶几上的一袋橘子,打开门,满脸歉意:"阿姨,我一会就好,吃个橘子,甜呢!"

邻居反倒有些不好意思,接了橘子就匆匆下楼了。

木木笑,"漠北,这些鸡毛蒜皮的事,你还挺得心应手!"

漠北拍拍胸口,"以后,你只管当个颐指气使的女王大人,小事大事,招呼一声就成!"

新书柜做成了。木木那些无处安身的书，被漠北摆放得井井有条。

木木请漠北到三味鱼屋吃烤鱼，吃得肚子滚圆。结账时，她坚持付款，来到前台，刚拿好小票，却看见一对再也熟悉不过的身影。一个，是她曾经心心念念的李燃；一个，是大学时期的土豪同学潇潇。

潇潇见了木木，格外热情："哎哟，当年的大才女，我现在还记得当时在礼堂你跟我们家李燃的那段激情往事。哈哈，不过嘛，现在，他可是名草有主了，我们结婚啦！木木，给你请柬，一定要来啊！"

木木怔在那里，不知道该如何走开。漠北赶过来，紧紧拉着她，跟李燃和潇潇打个招呼，拖着她走了。

心里的疑团解开了。

毕业第二年，李燃脾气大变，总动不动就发火。木木想，他一定是工作压力太大，在这个社会，男人需要承受的负担太重，她不能火上浇油。每一次，她默默收拾好被李燃扔了一地的衣服，抱着他送的水晶鞋和裙子，安慰自己，也许过一段时间，那个对她无限热忱的李燃又会回来了。

事后，李燃也很愧疚，在她面前信誓旦旦地说："丫丫，我一定会赚大钱，一定会让你过上好日子！"

如是这般，反反复复。发火，和好，再爆发，再发誓。

最后一次，李燃痛苦地对木木说："丫丫，我再也不会伤害你了！"

她点点头，信以为真。

第二天，李燃消失了。没有一句留言，没有一个电话。过了一段时间，有同学告诉她说，李燃升职了，就在土豪潇潇老爸开的公司里当一个主管。木木想，再等等，李燃就会回来了！又过了几个月，同学说，李燃这小子简直做了航天火箭，当上了副总。日子有了盼头，她觉得，也许今天，也许明天，她的李燃就会开着宝马，将她从这个陈旧的屋子里领走。

但是，李燃始终没有主动联系木木，她所知道的这一切，都是同学转述来的。时间久了，她才后知后觉得出结论，她跟李燃，已经分手了。见到潇潇，木木的思维正常运转过来。原来，为了事业，他用帅气的脸征服了潇潇，已经成为潇潇家的上门女婿。

每个人都有权利选择自己的人生往那个方向走。有的人，愿意抄小道；有的人，甘愿磕磕绊绊。木木，李燃没有把爱情当作婚姻的全部，而我和你却是一样，要用爱情滋养整个人生。

漠北听完木木这一通往事，附在耳边，跟她讲了一堆大道理。

那一天夜里，李燃打电话来，言辞里全是辩解：

丫丫，我跟潇潇没有感情。要不然，我不会在跟她领证之后，打电话给你。在我心里，你才是挚爱。丫丫，等我好吗？过几年，我事业有成，就离开潇潇。你还记得吗，当初，在舞台上，我为你穿上水晶鞋。等我，我一定会买真正的水晶鞋给你。

木木怅然，说出的话不带任何感情：我早已不是当年的灰姑娘，再也不需要高高的水晶鞋了！

婚姻就像一双鞋子

漠北送给木木一双运动鞋。

他说,婚姻就像一双鞋子,合不合适只有脚最清楚。运动鞋看上去没有高跟鞋那样精美,但是它轻便灵巧、结实耐用,一旦穿进去,就紧紧地跟脚贴合在一起,就算走过风雨交加的泥泞小路,也不会脱帮掉底。

他说,人生难免起起落落,他想跟她同穿患难与共的运动鞋!

木木有些感动,一向不擅长甜言蜜语的漠北,居然说出这样一番让她震撼的话来。她拿起那双鞋子,回过头对漠北说,求婚得有个求婚的样子吧,光有鞋子也不像一回事啊!

漠北惊讶得下巴快掉下来,摸遍口袋也没找到早已随身携带的婚戒。其实,他已经准备了很久,就是找不到合适的时机。他想,木木这样喜欢文学的人,会特别看重浪漫,他应该挖空心思,营造一个浪漫的气氛,让木木感动得眼泪汪汪,然后大声在他耳边高喊,我愿意,我愿意!

木木手中一晃,将戒指盒拿出来。

漠北单膝跪下,紧张得说不出话来。木木一把抓过戒指,命令道:"给我戴上!"

这一句，是漠北一贯熟知的。他小心翼翼，用亮闪闪的戒指圈住木木的无名指，不无遗憾地说："木木，我一直想给你一个浪漫的求婚呢！"

"有多浪漫？"

"嗯，起码，有玫瑰，有蜡烛，有红酒，有……"

木木一摆手，"得了，漠北，我觉得你还是去厨房，捆一把菜花送给我最合适，又好看又实用！"

漠北慌忙去厨房找。

木木一把拽住他，踮起脚尖，双手环住漠北的腰，满脸坏笑地抱怨："亲爱的，你忘了吗，通常情况下，求婚成功后，男主角要将女主角抱起来亲吻！"

漠北的胡茬子扎得木木咯咯直笑。

木木的心里，上演着一场话剧。舞会结束后，灰姑娘丢了一只水晶鞋，遇到好心的商人，送给她一双朴实的布鞋，帮助她回家。灰姑娘发现，跟王子的一见钟情只是倒映在水中的月亮；商人的爱，才让她避免光脚走路的痛苦。当王子昭告全国寻找能穿得上水晶鞋的女孩子时，灰姑娘已经嫁给商人，过上了快乐的俗世生活。

第十五辑
一只老蝴蝶的悲欢

我不是你的私有财产

陶陶跟老陶大吵一架。这是她从小到大，跟他吵得最激烈的一次。

老陶说："我是你爸，男人有什么花花肠子我不知道，反正，这个婚，你就是别想结！"

陶陶也发了狠："我不是你的私有财产，你别想主宰我的人生！这个婚，我就是结定了！"

陶陶喜欢的男子，跟老陶的择婿标准差了十万八千里。

送陶陶去上大学的路上，老陶就再三强调，要从他手里将陶陶抢走的人，必须长得端端正正，一看就是作风正派的人；必须家庭背景清明，家资丰厚，最好是书香门第，上至三代，无人沾染黄、赌、毒；必须收入较高，必须身体健康；必须烧得一手好菜；必须离家很近，最好只隔一条街……

陶陶揶揄他，能符合你的标准的人，是老家对面银行里下着象棋的奥特曼，又帅又有钱，还能给人安全感！

老陶不搭理陶陶，以过来人的口吻威胁她："反正这世上，只有我是最爱你的男人，不信，你等着瞧！"

陶陶的阿远，大她八岁，无车无房无存款，收入不稳定。除了长相和烧菜这两条跟老陶的标准比较接近，其余的，完全不沾边。

所以，当陶陶将阿远的情况告诉老陶时，老陶完全不顾及阿远第一次上门的情面，直截了当，板上钉钉："小伙子，我绝对不会把女儿嫁给你！"

没等阿远说话，他又抢着说："你怎么想，我清楚得很，只要天天在陶陶面前说点甜言蜜语，就能将她拐走！告诉你，没门儿，当了癞蛤蟆，最好找一只母蛤蟆安安生生过一辈子，别总做吃天鹅肉这种不实际的美梦！"

陶陶看不过去，帮着阿远呛他，"老陶，你就知道吃，癞蛤蟆就不能将天鹅供起来观赏吗？"

老陶当了一辈子语文老师，陶陶在他的教导下，青出于蓝，耍嘴皮子的功夫完全不输给老陶。老陶气得跳脚，陶陶拉着阿远摔门就走，丢下他对着满桌子饭菜吹胡子瞪眼。

春秋大梦也不是这样做的

陶陶跟阿远住在宾馆，一连十来天，不接老陶电话。

远房舅舅在网上找到陶陶，劝她："你爸一个人将你拉扯大，不容易，乖一点，别跟他怄气，回家服个软儿吧！"

陶陶也在气头上，对着舅舅嚷嚷说：生养儿女本来就是父母的责任，不要用伟大或者不容易这些词来扭曲人世间最正常的抚养关系。他把我带到这世上来，有征求过我的意见，问问我想不想认他当爸爸吗？孩子就是弱势群体！不要以为亲情牌是万能的，打多了，算老千！

舅舅无语。亲戚们惧怕陶陶的伶牙俐齿，表示不愿管她和老陶之间的家务事。陶陶耳根子清净许多，拉着阿远兴致勃勃逛婚庆用品商城。

阿远看中一套中式礼服。陶陶嫌衣服老气。导购推销说，这套衣服，老少皆宜，比如给岳父穿，在婚礼上肯定抢眼，显得老人家文质彬彬，儒雅出众。

阿远接过导购的话，劝陶陶，爸爸是语文老师，很有书香墨气，这套礼服，他穿上，最合适不过。

陶陶嘟嘟嘴，还是付了钱，将礼服买下来。

阿远说："陶陶，我们去看看爸爸，这次回来，就是商量结婚的事，僵持着不是办法，当小辈的，不管老一辈说了什么，都应该尊重。"

陶陶嘴上说不去，却还是跟着阿远回了家。

推开门，老陶早已准备了一桌子饭菜。一定是在街上碰见了邻居，提早跟老陶通了气，他才紧赶着，掐着陶陶回家的点儿，将饭菜摆上桌。

阿远拍马屁："爸爸，您的手艺赶得上饭店的一级厨师，这些我都爱吃。"

老陶眼睛都不抬一下，"我女儿就爱吃这些，你养得起吗？"

陶陶又要发火，老陶命令道："衣服拿给我！"

老陶进屋去试穿衣服，阿远举着筷子对陶陶说："你跟爸真是一个模子，脾气一模一样！"

陶陶想辩解，老陶换好衣服，容光焕发地走出来，洋洋得意："那是！我老陶的女儿，就得跟我老陶一个样儿！你这小子，就这句话说得我爱听！"

陶陶和阿远趁热打铁，想劝老陶松口答应婚事。他俩嘴巴还没动，老陶又翻了脸："你们真是打得好主意，就一套衣服，就想收买我！春秋大梦也不是这样做的！"

陶陶筷子一扔，拉起阿远就走！

老陶好像不如第一次见阿远那般生气，端起茶杯，看着俩人气冲冲离去的背影，轻轻抿一口茶，哼起了《精忠报国》。

温柔的年幼时光

陶陶犟起来，要跟老陶死磕。她就不信，老陶能撑到最后。婚礼的请柬已经发给所有亲戚。芝麻点大的小镇，一点点流言，不消半天，全镇的人都能传个遍。这镇上，大半的人，要么是老陶的学生，要么儿子孙子是老陶的学生。老陶争强好胜要面子，陶陶打了赌，他肯定打不赢跟她的这场心理仗，迟早得出席她的婚礼。

风平浪静了几天，一个下雨的晚上，老陶打电话来了。

他好像喝酒了，说了好些陶陶很少听过的温柔话。

恍然间，陶陶好像回到小时候。

那时，老陶风华正茂，正值壮年却丧了妻，说媒的人踏破门槛。每一回，老陶将相亲的人领回家，直接问陶陶喜不喜欢。陶陶年幼不懂事，大声哭喊："我要妈妈！"

老陶尴尬地向来人道歉："我女儿可能不接受你，对不起，我们没办法处下去！"

时间久了，人人都说老陶有一个难缠的女儿。那些原本垂涎老陶的女人，没有耐力融化陶陶心中对后妈的恐惧，自然望而却步，不再到陶陶家里来。其中，有一个恨嫁的中年妇女，可能出于怨恨，在陶陶经过她家门口时，将一盆冷水装作不经意似的泼在陶陶衣服上。寒冬腊月，陶陶冷得嘴唇发青，走到家门口，就晕倒了。

老陶气不过，带着陶陶去讨个说法。中年妇女不承认，诬陷陶陶是说谎精。

陶陶大哭，老陶气红了眼，抡起胳膊，要给中年妇女两巴掌。中年妇女亮开嗓子喊冤，半条街的人都赶来劝架。争执之中，老陶手一滑，陶陶滚在地上，他自己也摔下去，跟陶陶搂成一团。

那一天，在医院里，老陶一手捂着陶陶输液的吊瓶，一手将陶陶的手紧紧攥住。陶陶问："妈妈到底去哪里了？"

老陶眼睛红红的，声音却是温柔的："妈妈去天堂了。你妈妈走之前，将她的影子留在爸爸的眼睛里了。陶陶以后要是想妈妈了，就看看爸爸的眼睛，妈妈的影子一直陪着小陶陶呢！"

陶陶盯着老陶看了许久，果然，在他黑色的瞳孔上，看到一个缩小版的妈妈。

长大后，陶陶自然懂得，那是老陶编给她的美丽谎言。她当时看到的，只不过是自己的模样。但是，她却非常感激老陶，编了这个谎言，陪着她走过长长的思念。

"老陶，你是不是因为错过找老婆，就迁怒于我？"

陶陶趁着老陶说胡话，试探着问。

老陶顿了顿，声音嘶哑，"陶陶，爸爸害怕她们欺负你，那一次打架事件后，爸爸的心中就没有波澜了！"

陶陶失语。

老陶究竟是怎样的一个人呢？都说，女儿是爸爸前世的小情人。而她跟老陶，却随着时间的脚步，从情人变成朋友、陌生人，甚至敌人。她越来越不了解他，他也越来越不支持她。

是不是当孩子羽翼丰满时，父母在其心中的位置便无足轻重了？

陶陶想不明白。那一头，老陶也不再说话。

/ 小蝴蝶 /

老陶生病了，重感冒。一定是那一晚，给陶陶打电话，染了风寒。

陶陶再也生不起气，拉了阿远到医院跟前跟后伺候着。一看到阿远，老陶要拔了针管下地走。护士劝说，老陶现在情绪不稳定，最好别刺激他。

陶陶无奈，只好退让，阿远守在走廊上，随时待命。

阿远一走，老陶笑嘻嘻使唤陶陶，能不能用手捂一捂我的吊瓶？

陶陶白了老陶一眼，"现在是春天，输液又不冷，你还这么矫情，捂什么瓶子！老陶，见好就收吧，您啊！"

老陶耍无赖，"陶陶，你小时候，老头我就这么照顾你的。现在，我是老小孩，你不哄我，我就不输液了！"

陶陶又好气又好笑，装装样子将瓶子捂起来。

老陶问她："为什么会喜欢阿远"。

陶陶说："老陶，给你讲一个有关蝴蝶的故事吧。"

"大学时，老师和同学都知道陶陶是单亲家庭长大的孩子，总让着她，每个人都恨不得挤出同情的眼泪，来证明自己对陶陶的关心发自肺腑。而偏偏阿远不是这样。"

体育课八百米，陶陶跑了好几次都不及格。体育老师说："算了，陶陶，你小时候没得到好好的照顾，身子弱，我给你开个证明，让你通过吧。"

陶陶内心欢呼，阿远却站出来，说，他能帮助陶陶过关。

一连几个早上，阿远都准时出现在宿舍楼下，督促陶陶晨跑。陶陶以为，他喜欢自己，晨跑不过是个借口，心里还有点沾沾自喜，晨跑也就做做样子。阿远不好骗，硬推着陶陶跑，她吃不消，倒在地上大口喘气。阿远蹲下来，跟她说："蝴蝶翩翩起舞的样子，好看吧？可是，它们最初只是不起眼的毛毛虫，需要吐丝将自己困住，耐心等待，成熟后，用尽全身力气破壳而出。出来后，黏糊糊的翅膀不能飞行，它必须用力张开，才能让翅膀晒干，变得强硬。"

"陶陶，破茧成蝶，是痛苦的过程，从大家的保护里走出来，你才能自由自在地飞在花间！"

阿远的话，其实并没有什么深刻的启发意义，但陶陶却听在心里。在他的陪伴下，她终于长成独立自强的大姑娘！

"原来是他捣的鬼！怪不得我发觉你大学这几年，越发不听话了！"

老陶听完，长长地舒了口气！

老蝴蝶

病愈出院时，老陶主动叫了阿远。

陶陶看着阿远搀扶着老陶上车的样子，发现，老陶，真的已经名副其实。以前，爸爸自称老陶，她抗议，明明不老，非要倚老卖老；而今，他真的渐渐老去，是不折不扣的老陶。

阿远下厨，做了清淡的小菜。

老陶高兴，非要喝几杯。

阿远在医院走廊上那几天的守夜，没有白守，老陶越发喜欢阿远，拉着阿远去看他的藏书。

陶陶不高兴，"老陶，你的书，连我都没怎么看全呢？"

老陶不搭理她，带着阿远去了书房。

陶陶替老陶收拾房间，在床头柜里，翻出来一本厚厚的笔记本。扉页上面，有一句老陶写的诗——当得止时印象深，终生难忘幸福月！

陶陶好奇，往下翻开了：

"陶陶妈，你在哪里？怎么这样狠心，丢下我跟小陶陶！如果早知道你会难产，我宁愿保住你！"

"陶陶今天喊我爸爸了。稚嫩的童音,将我从噩梦里唤醒。陶陶妈,我后悔失去你,更怕失去她!现在,终于明白,你为什么拼了命也要保住她!小陶陶,是我们最完美的结晶!"

"我今天居然想打人。陶陶妈,我是不是快疯了?我决定了,给陶陶找后妈这荒唐的事,不会再发生了。"

"打人这件事,对我触动很大。陶陶妈,我想我应该学学蝴蝶,挣脱往事的躯壳,往前看。你走之后,我的心就死掉了,如果不是陶陶,我不知道该怎么活。我必须由内至外,彻底振作!"

……

"陶陶要结婚了!陶陶妈,那个男孩子,就要将我的宝贝女儿从身边抢走!你会答应吗?我绝不答应!"

"我又动摇了!我的生命已经是风中残烛,不知道什么时候就要熄灭。这一次生病,我改变了想法。将陶陶托付出去,才是我的最大心愿!"

陶陶的眼泪,像断线珠子一般掉了下来。

老陶,到底历经多少次痛苦决绝,才修炼成现在的风霜不侵?

/ 时间啊，请走慢些吧 /

陶陶跟阿远的婚礼，如期举行。

那一天，春风暖暖。

凌晨，老陶早早起来，看着化妆师给陶陶上妆。等化妆师给陶陶花好妆后，他居然对陶陶说，让她也给我化个妆，最好一下子年轻二十岁！

陶陶笑，爸，别捣乱！

老陶沉默一会儿，抬起头，眼眶里似有泪花，"陶陶，我看着你，就像看着你的妈妈。帮我完成心愿，让我挽着你走红地毯的时候，找一找当年跟你妈妈牵手的感觉！"

陶陶鼻子一酸，老陶拦着，"别哭，妆花了，就不漂亮了！"

阿远来接陶陶，老陶说："你让我背她上车吧！"

陶陶很轻，老陶却背得很费力。

婚礼上，老陶真的像年轻时那般，神采奕奕，挽着陶陶的手，从教堂大门缓缓而入。

陶陶知道，他的手一直在颤抖。

"爸爸，别慌！有我！"

陶陶轻轻地说，挽着老陶的手稍稍用力。

老陶笑了笑，将她牵到阿远面前。

婚宴上，司仪请老陶上去发言。

老陶健步走上台去，讲得滔滔不绝：

"我记得陶陶有一次跟我吵架，跟她舅舅争论，说我没有经过她的同意，就将她带到这个世界上来。陶陶，爸爸现在问你，愿意当爸爸的孩子吗？当父母的，总是说一切为了孩子好，但往往又以'为了你好'做挡箭牌，将孩子不喜欢的一切强推给他。

"以前，大家都说我一个人将陶陶抚养成人，很伟大！现在想起来，很可笑！陶陶说得很对，养育子女是父母的分内之事。只是，我们每一个人，不是天生就具备当人父母的本领。所以，陶陶，爸爸跟你真心道歉，有时候，是爸爸太武断！

"你眼光独到，阿远是个好孩子。我将他托付给你，完全放心！"

陶陶听得泪眼蒙眬。

婚礼结束，阿远拉着陶陶说："猜一猜，那天在书房，爸爸给我看了什么？全是你的东西。儿时的照片，第一次得到的小红花，第一次涂鸦……陶陶，爸爸警告我，说如果我欺负你，他绝对单手将我打得满地找牙！"

"怪不得老陶现在迷上了武术，还真来劲了呀！"陶陶笑笑，她的爸爸执着起来，可爱得像一个孩子。

阿远拿出一个布袋，递给陶陶："爸爸说，不知道哪一天就会离开人世，他的家当已经全部归到了你名下。"

陶陶打开看，是银行卡和房产证。她有点生气，打电话数落："老陶，你算好哪一天走了吗?"

老陶回击,"我长命百岁!"

陶陶不再说话。她只希望,时间慢慢走,老陶,能活到她生儿育女,到那时,他能抱着小孙孙坐在太阳底下,讲一讲老陶跟陶陶之间的故事!

图书在版编目(CIP)数据

总有一天,你会活成自己渴望的模样 / 玖月著.—北京：中国华侨出版社,2015.7

ISBN 978-7-5113-5566-9

Ⅰ.①总… Ⅱ.①玖… Ⅲ.①成功心理–通俗读物 Ⅳ.①B848.4-49

中国版本图书馆 CIP 数据核字(2015)第 164101 号

总有一天,你会活成自己渴望的模样

著　　者	/ 玖　月
责任编辑	/ 严晓慧
责任校对	/ 高晓华
经　　销	/ 新华书店
开　　本	/ 710 毫米×1000 毫米　1/16　印张/16　字数/230 千字
印　　刷	/ 北京军迪印刷有限责任公司
版　　次	/ 2015 年 8 月第 1 版　2020 年 5 月第 2 次印刷
书　　号	/ ISBN 978-7-5113-5566-9
定　　价	/ 48.00 元

中国华侨出版社　北京市朝阳区静安里 26 号通成达大厦 3 层　邮编：100028

法律顾问：陈鹰律师事务所

编辑部：(010)64443056　　64443979

发行部：(010)64443051　　传真：(010)64439708

网　址：www.oveaschin.com

E-mail：oveaschin@sina.com